U0013363

suncolor

你，就是媒體

打造個人自媒體與企業社群經營成功術！

網路趨勢大師
許景泰 Jerry／著

suncolor
三采文化

目錄

聯名推薦

20位企業社群&自媒體達人一致推薦！

（依姓氏筆畫排序）

資深部落客、數位文化協會理事	工頭堅
富朋友理財筆記站長	艾爾文
91APP產品長	李昆謀
遠傳電信網路暨電子商務事業群協理	李全興
Camp Mobile台灣總經理	邱彥錡
《創業》作者、知名部落客MR JAMIE	林之晨
flyingV、玖禾公關 創辦人	林弘全
貝殼放大共同創辦人	林大涵
myDress創辦人	林宗昱
香港商帕格數碼媒體股份有限公司總經理	紀香
FashionGuide共同創辦人	張倫維
iFit 愛瘦身創辦人暨執行長	陳韻如
台灣奧美互動行銷董事總經理	張志浩
TED×Taipei策展人、TED亞洲大使	許毓仁
Vpon威朋亞太區銷售副總裁暨台灣區總經理	許禾杰
LINE Taiwan總經理	陶韻智
臺灣電子商務創業聯誼會理事長	鄭緯筌
網路趨勢觀察家Mr.6	劉威麟
愛料理共同創辦人	蕭上農
商業週刊、蘋果日報職場專欄作家	謝文憲

推薦序

真心推薦所帶來的真正渲染力

myDress創辦人 林宗昱

我認識的景泰，是一個停不下來，活力無窮的創業者，他不但經營多家公司、多個社團，同時也跟朋友們持續保持著緊密的溝通與互動。去年景泰成了暢銷作家，過沒多久，他告訴我他要再出一本書，看起來景泰從暢銷作家，要進化成為多產作家了！

隨著Facebook與LINE等社群媒體在台灣興起，許多企業開始把眼光放在數位行銷，特別是社群行銷上面，但是很多企業卻忘了一件事——社群這件事情，不是只有在線上，在Facebook或是LINE；其實社群或是口碑，在沒有智慧型手機，沒有電腦以前，就已經存在人們之間。只是傳遞口碑的方式，從口耳相傳，演進到透過社群媒體，很快地會讓口碑傳播出去。

水能載舟亦能覆舟，業配文在社群媒體甚至傳統媒體上一再引起爭議，往往都是因為這些業配文可能言過其實，或是太過商業化。如何讓口碑或是社群行銷從線上到線下，再從線下到線上，我必須說，景泰絕對是這其中數一數二的佼佼者。

有聽過景泰分享或是聊天的朋友，絕對會對他為了宣傳新商品，主動去陪意見領袖跑步，到幫意見領袖製作錦旗，讓意見領袖感動到在社群媒體上，主動宣傳產品的運作與努力為之動容。而這樣的運作，也必須基於商品或服務本身的品質，以及出自真心的推薦，才會真正帶來渲染力。而景泰可愛的兒子「阿哥」，也是讓他的社群感染力持續加分的祕密武器。

部落格也好，社群媒體也好，口碑行銷也好，如何將好的商品，透過正確與有效的方式傳遞出去，將是《你，就是媒體》這本書可以帶給各位的最佳價值！

推薦序

善用「自有媒體」的相互串聯與整合

台灣奧美互動行銷董事總經理
政治大學、輔仁大學、世新大學兼任助理教授
張志浩

「自媒體」或「自有媒體」Owned Media，在數位發展的早期就是官網的概念，每個企業都建置自己公司的網站，甚至有些大企業試圖讓自己的官網成為消費者入口網站，結果一場混戰之後網路泡沫化，這就是Web 1.0的結束。

繼而討論區、論壇、部落格興起，個人網頁如日中天。每個人都期望有一個自有的社群平台，也就是個人的「自媒體」。二〇〇九年Facebook在台灣火紅，沒幾年就變成第二大媒體平台。從個人粉絲頁繼而企業也相繼跟進，官方粉絲又成了一窩蜂。二〇一〇之後，Smart Phone的普及，SoLoMo整合，電子商務行為漸成大氣候，手機上網參與社群討論、分享串聯甚至購買商品，已是趨勢。

此時企業的「自有媒體」已不只有官網，還有FB、Twitter、LINE……等等。但無

論是哪一種形態，各有各的特色及數位目的。所以，企業的「自有媒體們」必須串聯整合，來完成品牌建立、品牌影響力、品牌忠誠度甚至產品銷售的最後目的。所以「自有媒體」的戰略為何？「社群媒體」的戰略為何？企業必須確實地了解每個平台特色、形成策略，不是一窩蜂為社群而社群、為口碑而社群而已！

現在的數位環境早已Paid、Owned、Earned不分。所謂的口碑操作（Earned）早就需要付費廣告來導流，才有機會造成擴散。所謂的「自有媒體」早已化身變為口碑媒體，君不見現在所有的官網都有轉寄、分享的功能。甚至有些官方粉絲頁也替代成為官網功能，甚或是企業的電子商務平台。所以從企業到個人都應清楚了解這些平台的功能與特色，如何相互串聯或整合，形成「自有媒體」的策略，以達到建立品牌、影響擴散、產品銷售及品牌忠誠的最終目的。

我想本書《你，就是媒體》提供了許多的建議與解答，也敬佩Jerry每隔幾年就將他經營的經驗與讀者分享，不但可協助許多走入網購的人，有正確的經營概念，也讓企業知道如何善用「自有媒體」，來建立企業的數位平台。謝謝Jerry！

推薦序

讓更多人理解自媒體大潮流

愛料理共同創辦人 **蕭上農**

在台灣，過去關於電子商務的書不是過於學術，就是國外翻譯，對於在地化的實務執行，總是覺得隔靴搔癢，去年，Jerry出了關於台灣電子商務的暢銷書《為何只有5%的人，網路開店賺到錢》，在拜讀後，認為是非常棒的一本著作，在電子商務越來越重要的現在，無疑是所有想一窺電子商務門道朋友的必備書。

二〇〇七年左右，曾經閱讀一本國外的翻譯著作《打響自己就一招》，內容主要在講述如何塑造「個人品牌」與「企業品牌」以及之間的關係，裡頭也曾經提到一些網路個人經營的方式，雖然篇幅不多，卻給了我一些啟發；但終究這是一本翻譯書，加上時間久遠，在台灣市場裡，許多實務的操作面向上會有非常多的困難。

在獲悉Jerry將出版這本關於自媒體的書，第一個想法是非常合適；過去由Jerry領導的「達摩媒體」，是台灣部落客經濟的重要推手，如今部落客們不僅是在經營部落格，以食譜類的作者來說，他可能一口氣要經營Facebook粉絲團、愛料理、部落格，甚至行有餘力還要經營年輕人愛用的Instagram，以及極可能在未來一年重現微信公眾帳號威力的「LINE@」，雖然平台變得多元，但是諸多心法仍是有共通之處。

Jerry在這本《你，就是媒體》書中，以許多案例提供台灣的個人以及企業，為什麼要（Why?）與如何（How?）經營自媒體，透過這本「掃盲科普」書，我相信會像Jerry上本暢銷書一般，讓更多人可以理解這波新的自媒體大潮流。

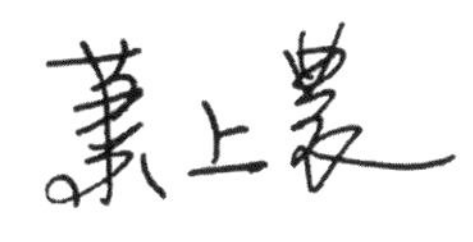

推薦序

翻轉世界的力量

商業週刊、蘋果日報職場專欄作家　**謝文憲**

第一次見到Jerry是在電台錄音時，我看到他公司推出「粉力」這項服務時，就用臉書主動敲他，他阿莎力答應接受專訪。在此之前，大家都在談論他，而我卻沒見過他，只透過部分臉書上的訊息，以及朋友間的口碑相傳，最後我還上網Google了他。

狹小的錄音室裡，第一眼吸引我的，是他的特助，臉蛋好、有氣質、很有魅力，談吐與應對進退像極了上市櫃老闆的祕書，錄音完後才知道她僅是一位大學畢業沒多久的女孩。我心想：「這老闆也太會訓練了吧！」直到Jerry一開口，整間錄音室的氣場就圍繞在他的聲音與專業，還有他對媒體經營和口碑行銷的狂熱語言裡。

錄音很順暢，節目播出後，得到無比迴響，連我在中原大學碩士班的老師都聽到這集，還跟我要錄音檔，要轉寄給所有修行銷學與專題的大學生聽，還要求他們寫心得報告。

「專業，建立在通俗的溝通」，Jerry做出了最佳詮釋。

他總是可以把一件感覺很抽象、很複雜的服務或產品概念，清楚而具象的表達出來，聽眾一聽就能夠立刻明白，他的口語表達是如此，上本書是如此，這本書更是如此。

這本《你，就是媒體》清楚而完整的詮釋出二十一世紀的今日，網路發展對於口碑行銷與媒體經營的趨勢與前瞻想法，用Jerry專業的分析與透澈的觀察，深入淺出的讓讀者明白：「自媒體時代的來臨，人人都可以是媒體」，進而讓讀者如獲至寶的是「自媒體的力量，就是翻轉世界的力量」。

或許以往英雄不怕出身低，透過努力就可以翻身的觀念，會逐漸改變成「英雄不怕出身低，透過自媒體就可以翻轉世界，更重要的是，你我都有機會做到。」重點是，翻轉前你要先看過這本書，憲哥我強力推薦！

經常會有機會向不同的對象，包括政府機關、企業、組織以及學生，分享有關社群經營與內容行銷的主題。每每覺得短短一兩個小時的分享裡，很難解答不同對象在社群經營上的眾多疑難。在拜讀了Jerry的新書《你，就是媒體》後，深深佩服Jerry能把他自身的經營經驗以及觀察，以有架構且循序漸進的方式，引導讀者由理解、實作、印證，進而內化為Know-how。誠摯推薦這本好書給想要經營社群但仍無從入手，或是經營了一段時間卻仍覺得迷惘的朋友們一讀，相信絕對讓您有「啊！原來如此！」的驚嘆。

遠傳電信網路暨電子商務事業群協理 **李全興**

網路的發展顛覆了傳統媒體，打開了自媒體的新大陸，但在這個陌生的土地上，我們都還在摸索，Jerry以自身的經驗，為我們畫出了這本地圖，按圖索驥，你就可以找到成功的寶藏。

91APP產品長 **李昆謀**

Jerry 這次大方分享個人自媒體經營心得，千萬不能錯過！

flying V、玫禾公關創辦人 **林弘全**

網路社群散播快速，產品與內容經過粉絲分享能讓曝光度呈指數性成長，在BAND APP社群經營經驗中，粉絲活躍度最為關鍵。許景泰以生動的台灣實例，歸結出獨特的見解和方法，說明在社群時代人人都可以是媒體中心！

Camp Mobile台灣總經理 **邱彥錡**

市面上最值得一讀的社群行銷教戰守則！

香港商帕格數碼媒體股份有限公司總經理 **紀香**

網路浪潮下，你我都是有影響力的人，感謝此書讓我們知道如何發揮正向的力量。

TED×Taipei策展人、TED亞洲大使 **許毓仁**

這一本是集結Jerry十年來在社群行銷上，實務經驗之大成！隨著載具的演進，從過去PC到現在Mobile，用戶在社群媒體上的使用「行為」、「方式」、「目的」和「思緒」，也因此大幅改變！當行動裝置流量已經超越傳統的電腦，用戶無時無刻不在「Social」！對於個人或者企業主來說，必須更有效率的去掌握「消費者洞察」，把所謂「碎片化的時間」，融合成一幅「完整的社交拼圖」。這本書是社群媒體大師許景泰，集結多年功力之精華，深入淺出、引導讀者，輕鬆的學習社交媒體祕密的武功寶典！感謝Jerry的分享，成就人類的大成就！

Vpon威朋亞太區銷售副總裁暨台灣區總經理 **許禾杰**

社群時代的媒體型態，已跟過去大大不同，不管是想提高影響力的個人、各行各業中的行銷公關人員、欲提升口碑和社群效應的創業者，閱讀這本書都能得到豐富的收穫，並且透過作者對實際案例的分析與鞭辟入裡的見解，逐步找到屬於自己的經營之道。

iFit 愛瘦身創辦人暨執行長 **陳韻如**

對Internet的熱情有目共睹，莫忘初衷。

FashionGuide共同創辦人 **張倫維**

普普藝術教父安迪・沃荷（Andy Warhol）有句名言令人印象深刻，他說：「未來每個人都有成名15分鐘的機會」。別懷疑，在這個自媒體時代，你我都有機會不靠主流媒體的力量，成為新時代的主角。欣聞Jerry的新書《你，就是媒體》付梓出版，誠摯向大家推薦。你想成名嗎？想要把社群經營得有聲有色嗎？快來看看這本書吧！

臺灣電子商務創業聯誼會理事長 **鄭緯筌**

一個人成為媒體，擁有影響力，不再受制於任何人，如此誘人的夢想，只要翻開這本書，你就可以得到那把關鍵的鑰匙。

網路趨勢觀察家Mr.6 **劉威麟**

作者序

自媒體時代，商業翻轉的年代！

「如何打造個人、組織、企業，自媒體與社交經營的成功術？」本書的宗旨，就是幫各位讀者找到這個答案。

市面上談論「自媒體」（we media）、「臉書」（Facebook）、社群媒體（Social Media）、社群行銷（Social Marketing）的書已經很多，但大部分的書籍多以國外社群的發展、趨勢與影響為論述主軸，商業個案研究也多以美國經典案例來探討。一直以來，台灣缺少一本從本地出發，從實務面深度思考，細究從個人到企業的社群該如何經營？社群之於商業又有何連動性影響的實戰書籍。

這一本《你，就是媒體》，可以說是彙集我八年對於打造自有媒體、社群經營、口碑行銷，以自身投入創業實踐、擔任多家知名企業顧問，長期與網路業界專家密切交流，花了三年構思，才將個人所見、所聞、所行，逐一歸納整理成書。網路在這十年有著劇烈的變化，尤其從部落格起，到臉書快速崛起，行動智慧型手機人手一支，社群足跡已無所不在，它滲透到我們的工作與生活，無時無刻個人自發與接受的訊息量，已是過去前所未見的資訊爆炸景況，也由於網路社群遍地開花，新的社群商業模式也如雨後春筍般快速綻放！

記得，二〇〇六年台灣部落格方興未艾、百家爭鳴，我正好投入這新一波Web2.0的網路浪潮。隔年初，我與夥伴創立台灣第一個部落格廣告聯播網BloggerAds，贊助部落格創作者，可透過部落格廣告賺錢，不久後又陸續免費體驗產品、寫評論賺錢、廣告代言等多元化的部落客服務。三年後，我們成為台灣第一大的個人部落格經紀平台，共有四十萬名透過部落格賺錢的會員，聚集了上萬名台灣優質的部落客創作者，與當時各大部落格服務平台，共同造就了部落格經濟共榮圈生態。

這八年之中，我接觸了上千位廣告主，跟上萬名部落客合作，在不同的行銷實戰裡，深刻了解到個人部落格對於企業在產品銷售與知名度上，影響有多麼巨大。一個部落格，一呼百應的號召力量常遠勝過傳統媒體；一個部落格，所產生的經濟產值，常造就了新的工作與生意型態。當然，一個部落格，也可能帶來負面與正面的口碑影響！

後來，台灣最大的部落格平台「無名小站」關了！代之而起的臉書，讓真實人際與虛擬的網路世界從此緊密掛鉤，人際關係變得複雜，一人飾演多角已非電影場景，而是社群生活的常態。部落格雖沒消逝，但個人媒體也被新興社群推向另一個多頻、多功，虛實交融的新世界。如今，台灣不僅成了使用臉書人口數、時間長度最高的國家，也是最愛在臉書社群上發文、互動、打卡，從事各種社群行為的國家之一。行動上網人口激增，LINE、Instagram等即時行動社群加入社群戰局，更推升了這一波網路熱浪延燒，社群已成了最紅的全民運動。對企業來說，更像是一場翻轉商業的行動社群商務革命。新世代與新社群的到來也直接宣告：人人都可以擁有自媒體的時代已全面來到，這股力量將有機會一舉推倒傳統大眾媒體的高牆，產生前所未見的個人、分眾、新社群媒體的力量！

八年來，我不斷審視台灣社群的個人與商業變化的細微觀察，一直希望提出一套有系統的社群觀點，從不同面向思索社群在人脈力、商業力、影響力……等，找出可以具體實踐的方法論。如果說，這是一本可提供個人或企業成功經營社群之道的書籍，倒不如說，我更希望讀者能從本書之中發覺「自媒體」的新面貌。尤其是「自媒體」之於個人、組織、企業，產生了哪些新的行為模式、新的人際關係、新的商業價值。應用到個人身上，你可以思索該如何打造自有媒體，創造強而有力的人脈價值，為工作、生活、人際，帶來前所未見的全新視野及格局。善用在組織上，則可以透過本書反思如何運用社群的力量，巧妙而快速的凝聚虛實的群眾，為信念共創、集體協作、社群運動帶來顛覆性的革命影響。實踐在企業上，本書也企圖讓讀者發現到，如何融合自身企業本質，打造有個性化的社群媒體，從而提高企業的商業價值及擴大品牌影響力，為網路行銷手法、商業服務、獲利模式注入巨大的創新力量。

值得一提的是，促使我決定動手寫這一本關於自媒體的書籍，除了我與台灣網路先進頻繁接觸，才能匯聚寶貴經驗，將精華歸納整理成冊。同時，我始終堅信唯有透過自我不斷實踐與無私分享，透過這本書的出版，能幫助到更多個人及企業在自媒體經營上遭遇的問題與挑戰。本書為了易於讀者理解，一一撥開包圍自媒體經營的重重迷霧。書中所提的觀點及內容有三大特色：

一、沒有教條式的論述，多以實務面切入，深入淺出探討自媒體經營最精華所在！

二、沒有太高深的理論，卻有一看就懂，好用的社群經營、社群行銷的生動圖表！

三、沒有不切實際的案例，常有個人與企業的真實個案故事，讓你可以現學現賣！

期許這本書能開啟你在經營自媒體上全新的視野，發揮最大的社群影響力及價值！

最後，特別感謝一路走來諸多前輩先進給予無私的指導與提點，也感謝我多家公司的創業夥伴們，一路以來給予我在工作上最大的實踐養分，才能有此書的誕生！同時，我也感謝我的父母與內人游筱茵、剛滿二歲的兒子許鴻彥，因為他們用愛與行動包容我、支持我，才讓我得以在每天清晨五點天未亮時，有動力獨自一人在書房寫完這本書。

將此書一切榮耀獻給我最愛的上帝，感謝祂始終給我的，總超乎想像的美好！

許景泰

Jerry Hsu.

1

第一章

「自媒體」時代：從企業到個人都要懂如何經營媒體！

大媒體崩解，自媒體崛起！

你，就是媒體！
充滿爆發力與影響力，不管你的臉書有多少朋友、追蹤者？每個人都深具影響力。

你，就是媒體！

二〇一五年的今天，不管你的臉書（Facebook）有多少朋友、追蹤者，每一個「個人」都深具影響力。這是一個「自媒體」（we media）崛起的時代！那麼，什麼是「自媒體」？

「自媒體」概念首見於二〇〇三年七月的美國新聞學會媒體中心。當時，在謝因・波曼（Shayne Bowman）與克里斯・威利斯（Chris Willis）共同提出的研究報告有一段深入解釋：「自媒體是一般大眾經由數字科技強化與全球知識體系相連之後，一種開始理解普通大眾如何提供與分享他們本身的事實、他們本身的新聞之傳播途徑。」不過，這畢竟是學者的學理論述，一般人可能不容易理解。二〇〇四年，美國矽谷IT專欄作家Dan Gillmor的著作《草根媒體—部落格傳奇》（《*We the Media:Grassroots Journalism by the People, for the People*》，中文版於二〇〇五年在台灣出版），他在書中提出自媒體與傳統新聞媒體的比較：一種具傳統媒體功能卻不具傳統媒體運作架構的個人區域網路行為。

簡單來說，網路科技走到Web2.0環境，BBS（電子佈告欄系統）、部落格、微網誌、共享協作平台、社群網路的興起，讓每一個個人都具有媒體、傳媒的功能，隨時可以向不特定的大多數人或特定的個人傳遞訊息，大家所看到的公民或個人新興媒體形式，皆可稱之為「自媒體」（We Media）。如果以目前市佔率最高、用戶最多的臉書為例，不管有多少朋友、追蹤者，只要投入心思經營社群，很有可能每發佈一則訊息、一段影片的傳播效果，都有機會比電視、雜誌、廣播等傳統媒體來得更精準、更強大、更有力！這不是一個口號，而是正在發生的網路革命，對傳統媒體來說簡直如芒刺在背，若不積極做出回應或改變，將逐漸流失消費者的目光，一步步被新型態網路商業模式侵蝕領土，失去昔日光彩、喪失舞台。

二〇〇五年二月，華裔美國人陳士駿等人創立YouTube，網站口號就是「Broadcast Yourself」（表現你自己），激發許多網路名人與素人於網上創作影片，創造影音市場的影響力。隔年，二〇〇六年的十一月，Google就以十六・五億美元天價收購YouTube，如今，YouTube每月超越十億不重複造訪者。YouTube在全球風行，算是這一波網路「自媒體」的革命主要先鋒之一。二〇〇六年，美國《TIME》雜誌更以「你，YouTube的傢伙」（the YouTube guys）作為該年時代風雲人物。

自媒體的改變與企業遭遇的挑戰？

近十年來，這股網路勢力以爆炸性的免費商業模式掀起一波波巨浪，吸引超過十億網民一起加入革命，開啟了自媒體風潮。截至二〇一四年十二月，集結巨量用戶的自媒體平台還有：LinkedIn（二〇〇三年成立的商務社群網站，用戶數三億）、Facebook臉書（二〇〇四年成立的社群網站，用戶數超過十二億）、Twitter（二〇〇六年成立的一百四十字微網誌，用戶數二・七億）、Tumblr（二〇〇七年成立的微動畫平台，用戶數一・七億）、Pinterest（二〇一〇年成立的圖片分享類社群網站，用戶數〇・二七億）、Instagram（二〇一〇年成立的行動社群照相軟體，用戶數兩億），以及LINE（二〇一一年成立的行動社群軟體，用戶數五・六億）……等。

這些自媒體服務平台採取完全開放、免費、共享的模式，徹底瓦解傳統大媒體的網路勢力。在這些免費網路平台上，造就了無數的個人、企業、組織與團體，快速打造自己的媒體，也導致企業的廣告購買決策，不再如以往完全依賴傳統媒體。

網路使用行為與習慣的改變，造成傳統大媒體全面性反撲，影響最為明顯的是市售的紙媒（報紙、雜誌）讀者，每年以飛快速度流失中，更因個人智慧型手機普及與行動社群的興起，原有暢銷的雜誌從一期三萬位讀者，驟減不到三千人，同時，報章雜誌的傳閱率也被手機行動連網所提供的大量資訊給洗劫了！如今，企業面臨前所未有的挑戰，以下分別說明。

挑戰一、巨量免費資訊：多螢、多頻、多功的各式媒體！

根據二〇一四年Google對於台灣人的手機使用習慣調查報告中，發現超過80％使用者每天會透過手機上網，對手機的依賴程度為亞太第一，台灣人對手機的依賴程度之高，讓傳統平面媒體大為失色。調查中更驚人的是有超過56％的台灣使用者每天花超過半小時使用手機，22％的人使用時間超過兩小時以上；其中，台灣人最常使用的應用軟體為LINE即時通訊、Facebook社群軟體以及Google網路搜尋等，如此一來，讓一個人一天接受廣告訊息量上千則，然而一個人的購物時間並沒有增加，只是被多螢、多頻、多工的各式媒體與巨量的免費資訊，切割得零碎又零散。只是，在消費者口袋深度不變、注意力分散的情況下，企業該如何吸引到目標顧客且願意掏錢購買你的產品，變成最大的挑戰。

挑戰二、個人即媒體：一個人擁有多個社群角色！

自媒體等同為個人媒體。在智慧型手機高度發達的台灣，行動化、社群化的高速發展下，現在的自媒體展現了幾個特性：

(1) 個性化的媒體

你想打造自己的網路報紙嗎？還是成立個人化的網路電視台？或是想要集結一群同好成立專屬媒體？這些其實都可以自主的透過Blog、YouTube、Facebook等各式免費網路服務平台完成個人的個性化媒體。

過去，只能被動接收的閱聽人，已經換位成為做自己媒體的主人、說自己想說的話，打破舊有大媒體框架，沒有專業限制、沒有內容限制，只要你願意均可快速打造你的個性化媒體。

(2) 進入門檻極低

大量的免費網路平台出現、3C科技使用的普及與便利性，降低了打造自媒體的門檻，再加上簡單便捷的操作方式，創造內容不再需要費時、費力、花大錢。新網路時代已經讓每一個人可以輕鬆且快速地在網路上發佈文字、圖片、音樂、影片，創造屬於個人、組織、企業的媒體，幾乎完全沒有門檻。

(3) 快速交互連結

自媒體還有一個特性，就是在任何時間、地點，都可以經營自己的媒體。同時，自媒體因著網路社交化，讓訊息的傳遞可以透過社群交互關係快速散佈開來。你可輕易對你的朋友圈傳遞訊息，也可以擴大朋友圈，對追蹤你或不同社交群體做主動發聲的行為。網路社群的交互性與行動即時性，讓個人媒體的力量變得更加強大，撼動了傳統媒體無法做到的即時性、特定性、客製性。例如：你可以自己建立數十個LINE即時社交群組，每個群組若平均有三十個朋友，你將擁有至少三百人主動免費傳遞訊息的權利！

挑戰三、顧客行為模式改變：行銷必須改變！

顧客變了？賣方已經不再只是提供顧客最基本的需求而已。企業如何讓顧客願意「跟隨」？而非只是一味地要顧客「買東西」！在社群時代，必須平常就跟顧客建立緊密關係。你可以給顧客十個購買的理由，但更重要的是擊中一個以上強而有力的社交衝動，例如：「跟你交往」、「建立關係」、「產生共鳴」。行銷大師科特勒（Philip Kotler）在《行銷3.0》一書中也指出「企業要提出與消費者心靈產生共鳴的價值，才是最強大的行銷力量，也是現今企業差異化的最堅實基礎。」

社群媒體時代，消費者擁有更大的自主權、選擇權。消費者看到廣告容易轉移，企業若無法製造吸引人的內容訊息、吸引消費者目光，單純以傳統大媒體廣告轟炸模式，效果已大不如前。

Must Think

不要懷疑，你的一句話就可以帶來蝴蝶效應！

每個人都可以是媒體，消費者也可以是媒體，人人皆媒體，一傳十、十傳百，就是自媒體的時代，代表著一個人的力量也可畏，千萬別小覷！

自媒體的具體展現：現在比過去更有力量！

在智慧型手機的加持下，人人有注意力缺陷的狀況。這麼一來，該如何重新引起消費者的注意力？這裡，舉出七個實務案例，讓你深刻感受到自媒體的崛起與大媒體的崩解，徹底相信現在比過去更有力量。

案例一：小米單日銷售破一百萬台，如何做到的？

二〇一四年，中國最大的企業對消費者購物網站「天貓商城」（英語：Tmall，由淘寶網分離而成），公佈「雙十一光棍節」的銷售成績，小米單日手機銷量一百一十六萬支，總銷售額高居「雙十一光棍節」之冠。小米如何做到的呢？創辦人雷軍說，他將小米定位為：「不是手機公司，而是一家社群網站公司。」小米機在剛推出時，一反過去手機大廠的做法，不走實體經銷通路、不買傳統媒體廣告，而是全力經營自有社群媒體，贏得一群忠實社群粉絲青睞，成功將信任換為鈔票。小米科技聯合創辦人黎萬強在《參與感：小米口碑營銷內部手冊》一書中即揭示，小米行銷的成功「不是做廣告，而是做自媒體。」為此小米做了一連串的社群策動營造，由以下四點說明：

(1) 自建網購通路與社群媒體：

小米從自建網購通路到成立中國微博、微信等官方社群，只要能直接接觸用戶的大型網路平台都不放過。小米一反過去科技產業依賴傳統經銷商與媒體的做法，積極拿回主導權與說話權，因為小米知道：唯有做好自媒體，才能每日持續跟消費者對話，並改變那些原本不是小米顧客的人的心意，進而改買小米的產品。

(2) 積極策動實體活動：

小米不只是在網路上維繫關係，更積極策動實體活動，遍布中國各地的同城會就超過上百個、人數破一千萬。每一年小米更會為這群粉絲舉辦「米粉節」，小米賣手機儼然成為熱鬧的嘉年華盛宴。是的！你沒看錯，無論是自媒體或社群媒體經營成功的企業，整體營運絕對像極了善於舉辦派對、懂得製造娛樂的策展行銷公司；不像傳統企業，只會製造短效新聞話題，缺乏創造讓消費者尖叫、感覺酷、為之瘋狂，無法促使個人於社群主動推廣的自媒化企業！

(3) 讓用戶參與小米開發過程：

小米公司不但開放三分之一的功能，讓粉絲協助改進任何建議，還成立專屬粉絲的網路論壇，讓百萬「米粉們」（忠實用戶）都能在此獲得充分發言。

(4) 即時且具體回應粉絲的行為：

小米的客服人員近千人，以電話、網路、社群等各式管道，希望做到最快、最極致，能滿足小米使用者的服務。

案例二：打贏選戰靠網路。從歐巴馬到柯文哲，證明口碑社群為王！

新型態的自媒體從天而降，沒有人知道社群網路的影響力有多大，但它確實超出傳統媒體的預期，而且改變了政治選戰在媒體上的行銷模式！社群網路的即時性、互動性、快速被連結分享，是過去傳統大媒體做不到的。如今，想要打贏選戰，懂得運用網路帶來的群眾力量，以小搏大，絕對可行！二〇〇七～二〇〇八年美國總統候選人歐巴馬，策動了一系列的網路社群運動就是最經典的成功案例。六年後的二〇一四年，台大醫師柯文哲與國民黨榮譽主席連戰之子連勝文的台北市市長之爭，再次展現個人社群的力量與網路社群口碑的巨大影響力。

(1) 源自社群「樁腳」力量比實體更巨大！

二〇〇七年，參選美國總統的歐巴馬競選團隊，推出一個名為「My.BarackObama.com」新社群網站，也就是歐巴馬的自媒體。這個社群開站沒多久，吸引超過一千個自主成立的社群後援會。成員從媽媽、警察、老師到各州鎮鄉民等，擴散速度就像建立候選人「樁腳」一樣迅速蔓延。這股力量，成了歐巴馬強而有力的助選員，能即時主動為候選人做正面推薦、負面文宣消毒、拉攏同好等。如此由社群集結的「樁腳」，遠比過去實體草根的「樁腳」更具串聯力與渲染力。

二〇一四年，台灣的首都之戰，柯文哲競選團隊透過官網開放API（應用程式介面），共開放上百篇文章、四千多張照片與影片等，邀請全民參與寫程式、玩設計，促使網友自發性的運用API延展出不同創意，等於是透過網路開放來策動大眾「積極參與」這場選戰，並主動以不同網路形式為柯文哲造勢宣傳。

(2) 從「大數據」找到回應自媒體的最佳策略：

臉書的粉絲專頁有超過上百萬個（俗稱：粉絲團），柯文哲陣營（簡稱：柯營）是如何在茫茫臉書大海找到潛在的支持者？又如何最省時、最快速掌握當下選民最關心的議題？我的好友Qsearch 共同創辦人杜元甫跟我說，他們的團隊運用Qsearch強大的臉書粉絲團搜尋工具，快速幫柯營在大量的臉書即時動態中，找到選戰中被熱炒的關鍵議題。例如：柯營被攻擊的MG149事件，或者是選戰中的主要訴求：公開、透明、開放，一一經過大數據分析解讀後，有效挖掘出正面及負面影響選情的文章，做出最佳社群回應策略。

(3) 注意力經濟轉向「參與式經濟」：

大媒體崩解的最主要原因，在於傳統電視與報章雜誌媒體雖以吸引閱聽人目光為天命，但卻欠缺網路時代「參與式經濟」的深度互動，也無法觸及目標族群清楚的行為輪廓，再加上無法即時透過社群網絡快速擴散。二〇一四年的首都之戰，相較於對手砸錢下廣告、買雜誌封面的舊思維，柯文哲已經證明購買傳統媒體廣告所賺得的曝光，遠不及參與式的社群口碑行銷經營。

案例三：WeChat搶紅包、LINE下載貼圖，創造數十萬人用戶不再難？

二〇一四年農曆年間，中國騰訊的線上支付平台財付通，推出的「微信紅包」轟動了全中國，在行動社群平台微信（WeChat）引爆一場「網路搶紅包」運動；活動期間為除夕到初八，短短九天時間就吸引超過八百萬名用戶參與，這種網路用戶參與的速度前所未見。

同一年，ASUS華碩在台灣推出Zenfone平價智慧型手機前與插畫家合作，活動方式是只要加入Zenfone的官方LINE帳號，即可免費下載插畫家Duncan Design所繪之貼圖，此次活動為期一個月，不僅為Zenfone創造三百萬用戶的加入量，同時，也讓Duncan Design的名氣直線上升，Duncan的臉書粉絲團從原本的十萬多人，快速暴增到超過一百七十萬人，這是過去的傳統行銷模式中，未曾發生過的事。

行動社群的微信搶紅包或LINE下載貼圖，證明了一個自媒體的創建，在網路社群邁入行動時代後，得以極高效率的傳播模式，短時間匯流數十萬甚至超過百萬用戶，由此可見，自媒體並不小，在即時傳播與用戶互動功能上，絕對更勝傳統媒體！

案例四：冰桶挑戰，引爆個人臉書的病毒式串聯行銷！

什麼是自媒體時代應該面對的真相？花錢在電視媒體大打廣告做公益，已經不再是最好的行銷管道。自媒體時代，首重如何激發具影響力的個人主動於臉書分享，因為透過擴散力所獲得的迴響，往往更出奇驚人。

最經典的案例莫過於二〇一四年，美國肌萎縮性脊髓側索硬化症協會為了籌款，在社群網路發起的「冰桶挑戰」（Ice Bucket Challenge）活動，堪稱近幾年最成功的社群公益行銷。此活動的目的在於引起大眾對肌萎縮性脊髓側索硬化症（ALS，亦稱「漸凍人症」）患者的注意，其遊戲規則很簡單，每一位被指定的挑戰者有二十四小時可以回應，選擇一：參與被整桶冰水潑身體驗「凍人」的感受，並將過程拍成視訊上傳至社群網路，或者選擇二：無異議地慷慨解囊捐出一百美元，甚至有人還做出了選擇三：體驗冰水淋身後再加碼捐款。活動推展的執行方式在於被指定的參加者完成任務後，必須再轉發文章指名三位朋友接受挑戰，藉由臉書社群的標籤（tag）與指名，讓這項活動從人脈圈向外擴散。

這項活動因具備極高的分享意義，吸引全世界許多名人在網路上共襄盛舉，包括：微軟創辦人比爾蓋茲（Bill Gates）、臉書執行長馬克・祖克柏（Mark Zuckerberg）、電影《鋼鐵人》主角小勞勃・道尼（Robert Downey Jr.）與NBA球員詹姆士（LeBron James）等名人相繼響應，成為有影響力的節點。這股社群做公益風潮延燒台灣後，同樣掀起許多藝人、政治人物、企業大老與分眾領域的意見領袖跟進，透過個人臉書用身體體會漸凍人感受並捐出善款、成為話題。

此次公益活動因個人自發性地在社群傳播，以病毒式快速蔓延全球，也獲傳統媒體大肆報導。回過頭來想，如果今天不是因為個人臉書的盛行，這股以臉書自媒體的串聯活動，其引爆的話題與成果，將無法如此驚人！

案例五：一個人的部落格影響力，吸引破億人次造訪！

如果說，臉書是讓每一個人都可以輕易擁有自媒體的那一扇門，那麼個人部落格就是自媒體能夠成功轉換成實質報酬的鑰匙。二〇一〇年，被《時代》雜誌評選為一百名影響世界人物之一的中國博客（也稱：部落客）韓寒，就是以自媒體崛起的經典人物。身為八〇後的韓寒，不但是超人氣的博客、暢銷小說家，也是一名職業賽車手，他的部落格有超過六億的造訪人次，單篇文章平均有三十萬~五十萬人閱覽量。英國衛報研究員Jonathan Watts曾在《當十億中國人一起跳》一書形容韓寒的博客對中國人的影響力，「當十億中國人一起跳一下，地球軸心就會偏離。」一個人的自媒體、一個人的部落格，超越傳統媒體的影響力，已經是現在進行式。

案例六：明星不再依賴傳統媒體，自媒體的粉絲才是新力量！

台灣樂團五月天的主唱阿信，臉書粉絲團人數二〇一四年底已超過三百四十萬人，歌手林俊傑也有一百八十萬人擁護他的粉絲團。明星不用只依賴傳統媒體節目才能吸引更多歌迷、粉絲，透過社群經營，零距離的跟粉絲經常性的互動，讓粉絲參與感大幅提高，增加粉絲忠誠度外，也讓粉絲自發性的成為明星的追隨者、最佳的口碑推廣者。二〇一三年五月天舉辦跨年演唱會，三場門票共十五萬張，瞬間秒殺，平均一分鐘就賣出一千六百張，就不難感受五月天阿信自媒體，長期所累積的粉絲影響力有多麼巨大！

案例七：傳統媒體也需借助社群媒體，才能擴大聲量！

在台灣，超過一半的網友上網閱讀新聞已不再從新聞入口網站，反而是習慣透過新聞粉絲專頁或朋友臉書的分享，獲得當日被關注的新聞話題。閱聽人不再依賴傳統電視、報章雜誌餵新聞，新聞學中的守門人制度徹底瓦解，這也迫使傳統的新聞媒體不得不向社群媒體靠攏，積極在臉書上打造自家專屬的臉書粉絲專頁，建立自媒體內容網站，以求抓住讀者的目光。

Must Think

人人注意力缺陷，如何吸引消費者眼球？

現今是個處處連網的社群時代，在人手一支智慧型手機的加持下，手機與電腦、電視的收看，完全可以同時運作，人人注意力缺陷。這麼一來，該如何重新引起消費者的注意力？網路帶來改變，自媒體影響力已經比過往我們所認知的網路應用來得更強大。

1-3 社群時代：消費者的覺醒！

社群媒體時代，消費者行為已產生變異。如果產品不夠突出，則無法令人想要討論、被人寫文推薦、分享，那麼將難以在眾多相似的產品中脫穎而出，消費者也會自動忽略與快速遺忘。

戰役，將比過去更激烈！

社群時代早期的單向資訊提供，已無法滿足多數消費者的期待！因為消費者擁有高度自主性、選擇性，甚至每個個人都可以輕易地創造個性化內容，成為資訊的傳遞者。所以，消費者主動性大增，早就從過去的單向被動行為轉為多元互動的自主關係，而現在，也是個注意力分散的時代，媒體、企業、公關行銷在搶消費者目光的戰役中，將比過去更激烈。

一、消費者主動性大增：單向被動行為轉為多元互動的自主關係

現今的消費者在選擇相信一件事或信賴一個產品之前，會透過多元管道掌握訊息才會開始產生信任感。消費者透過主動搜尋、社群詢問、網路討論互動等，對於訊息的主動掌握性較過往大為增加，也就是說，從傳統的單向被動行為，轉為多元互動的自主關係。因此，如果想要推廣一個產品或宣傳一場促銷活動，必須清楚掌握消費者的動向，甚至預測消費者可能的行徑，藉此辨識出他們可能感興趣的內容與話題，才能吸引足夠目光，進而產生消費關係。

二、注意力分散的時代：搶消費者目光比過去更激烈

每天一早起床打開智慧型手機的那一刻起，便充斥著來自於媒體、社群朋友、即時動態、各式連結、活動邀請、轉推資訊、私人訊息、電子郵件……等大量訊息，每個人的有限注意力被無限內容充斥。因為我們生活在智慧型手機、平板電腦、桌上型電腦、電視等不斷切換的動態情境，導致大家已學會了自動篩選、直接過濾、跳過忽略、特定痲痺的特殊能力，在注意力嚴重分散的情況下，導致現代人所關注的人事物，來自網路社群朋友的連結，勝過傳統大媒體所供給。由此可見，無論是媒體傳遞訊息、產品宣傳或企業搶曝光，全都需要在個人內容爆炸的夾縫中求生存，同時避免被消費者過濾掉，搶消費者目光之戰遠比過往更為激烈。

自媒體大潮，消費行為已經全然改變

自媒體的經營，講究的是求新、求快、求變，完全脫離傳統媒體冗長刻板的產製流程，原因無他，因為消費者的時間觀已經改變、思維也數據化。

一、時間觀改變：網路的即時性變得重要

消費者的時間觀念驟變，不再是坐在電視機前一小時，或是翻開雜誌閱讀半小時，基本單位將從小時濃縮至分、秒，即時與消費者互動並建立關係。例如：使用LINE即時社交通訊軟體時，當發出一則訊息後，若等一分鐘沒有收到「已讀」通知，就可能按捺不住；再如，於臉書發佈一則動態訊息，便會開始期待有多少臉書朋友即時關注與按讚回應。

自媒體追求即時性的表現，還發生在生產內容的速度上。自媒體的內容通常免費且速食化，同時，自媒體更在意的是所發佈的內容是否能被快速再擴散，因為有更多人即時看到同一則內容，引起關注或討論才能評斷該內容的價值有多大。相反地，傳統媒體最在意的卻是僵化的內容產製流程與專業篩選，至於內容的傳播形式、甚至內容的價值多是以收視率或訂戶數來做普遍性計價，無法即時性的針對單一目標做定向的更深度了解，以及更精準掌握特定目標受眾。

二、數據化思維：人的一切行為被數據化

網路自媒體的崛起，也代表一切行為可被即時數據化。例如：臉書免費提供「粉絲專頁」（粉絲團）線上數據的洞察報告，告訴你，對你臉書說讚的粉絲之清楚性別、年齡、地域的輪廓；還有，發佈貼文最多人瀏覽的時段、每一篇貼文的觸及人數，所有參與互動的數字一目了然。透過網路可被大量數據化的過程，企業的行銷變得更精準化、追蹤化、效益化。在網路時代，企業透過以往的市場經驗與個人直覺來做行銷已不夠用，擁有數據思維者才能更即時掌握消費者的行為，應該運用數據化分析在預測、決策、發現上做出反應，以下分項說明。

(1) 預測

精準預測下一步消費者行為，提早做出回應策略。例如：因為有了每一則貼文的數據分析，你知道加入你的臉書粉絲專頁的用戶，什麼議題的貼文比較容易激起參與互動？

(2) 決策

企業掌握強大數據做後盾，才能做出快又好的決策。例如：透過自有網購商城的線上監測數字發現，從臉書社群廣告所導入的人，相較Google搜尋關鍵字廣告而來的人，更容易被「價格」所吸引並產生購買行為。因此，設計了好幾組不同形式的促銷廣告素材，把「折扣價格」刻意放大，並搭配漂亮的模特兒吸引消費者的目光，則成為了必要。這一連串精心設計過的廣告行銷做法的背後，都是因為你每一次做行銷時，掌握了各項監測數字所得到的寶貴經驗。

(3) 發現

從大數據中極有可能挖掘下一波巨大的新商機。例如：你在網路數據裡發現，購買A商品的人，同時也會去買B商品。會去逛你的粉絲專頁的消費者，同時也會在C粉絲專頁瀏覽。這些極具關聯性的消費者行為數字，若仔細探求，其實都可以經過網路廣告監測工具發現。

三、消費行為改變：社群分享與搜尋變得更具影響

充滿大量資訊的時代，消費者對於訊息掌握度因個人科技的自主性運用而提高，再加上個人高度社群化的改變，左右消費者購物的行為過程也發生變異！

一八九八年由美國廣告學家E.S.Lewis劉易斯最先提出：AIDMA消費行為法則（指消費者從看到廣告，到發生購物行為之間，動態式地引導其心理過程，並將其順序模式化的一種法則）。也就是多數消費者行為會先從注意到廣告引發興趣，因欲求而產生記憶，最終發生購買行為（見表1-1）。

不過，社群媒體時代，消費者行為已產生變異。有大量專家學者證實，AISAS的消費行為已取代AIDMA的模式。換句話說，消費者對於產品記憶的深度，已被上網主動搜尋相關資訊、評論，以及透過社群媒體向朋友主動尋求諮詢、建議給取代（見表1-1）。

因此，如果產品不夠突出，不會令人想要討論、被人寫文推薦、分享，那麼將難以在眾多相似的產品中脫穎而出，消費者也會自動忽略與快速遺忘。根據美國市調公司尼爾森（Nielsen）二

表1-1 消費者行為法則的改變

AIDMA的法則（舊）

A	I	D	M	A
Attention	Interest	Desire	Memory	Action
注目	興趣	慾望	記憶	行動

AISAS的法則（新）

A	I	S	A	S
Attention	Interest	Search	Action	Share
注目	興趣	搜索	行動	分享

○○九年發表了一份《全球網路消費者調查報告》發現：「有九成的消費者相信那些他們所認識的朋友對產品的評價，有七成消費者相信網友在網路上發表的意見與評價。對於傳統廣告形式，只有兩成的人相信。」從調查中可以了解，消費者最相信他們自己主動從社群或搜尋而來的口碑評價。

四、網路購物行為：行動社群化的衝擊

因智慧型手機與行動上網普及，真實人際網路社群化的結果，購物的消費風景也將全面的翻轉。在中國大陸，透過手機或平板電腦上網的使用者數量已經比用桌上型電腦上網的使用者還多，

用手機上網購物的比例也快速地成長。淘寶、天貓行動購物交易額一年成長三倍，二〇一四年，台灣上網的使用者也已經有四成是從行動端而來。

Must Read

行動購物將成主流

雖然行動上網購物只占目前網購市場的一成，消費者從「逛網頁」到「實際下單」之間的鴻溝還需要一番工夫，但在行動網頁流量將超過電腦桌機的趨勢下，行動購物仍是中長期的趨勢，「只看不買」階段將很快會過去，未來三年內，行動購物與社群化的高度運用，勢必成為主流。

企業一定要理解的「五個社群思維」

社群時代，你要經營的不再是單純的銷售、買賣關係，而是社群信賴關係、雙向互動的連結，讓支持你的消費者，化身為熱情的積極參與者。

新社群思維

傳統雜誌、報紙、電視等媒體，主要依賴廣告維生。如今，人人都緊盯著社群即時的動態資訊，廣告主不再有意願下更多預算，企業應重新對新科技與社群行動時代所帶來消費行為的改變重新省思。

一、互動思維：傳統大眾媒體 VS 分眾社群媒體

在大眾媒體當道的時代，我們的資訊是由少數媒體所掌握，再傳播給數十萬到數百萬的家庭

或個人當中，諸如：電視、報紙、廣播等。然而社群媒體的到來，企業必須要認知的是目前消費者所接受的資訊來源，多數已被彼此朋友在社群上的轉推、分享、再連結所取代。仔細想像，你多久沒有買份報紙來看？反而埋首手機的臉書社群動態裡看朋友轉貼的新聞連結。你花在電視機前面的時間比較多，還是透過不同媒介上網時間較多？這股網路大趨勢已不斷證明，所謂的大眾媒體傳播方式已快速式微，所提供的內容也無法滿足目前閱聽人多元而個性化的喜好，當前消費者更早已被多重的社群關係給自然分眾化。

社群媒體已經把人分成多個小眾市場，每一個人想了解多數人在想什麼，靠的是你社群上的朋友都在關注什麼？以及你又關注了哪些具影響力的社群意見領袖、特定粉絲團的一舉一動，這些反而比大眾媒體傳遞的新聞，更容易引起你關心和注意！

二、媒體思維：內容為核心思維 VS 用戶為核心思維

媒體產製內容不再昂貴有價，如果傳統媒體還以為內容為王，在社群網絡人人皆是自媒體的時代，內容早已免費隨手可得且速食化，讓內容呈現爆炸式的成長。真正有價的不再是單指內容本身，反而是掌握的「用戶價值」為何？

三、用戶思維：消費者 VS 參與者

如果有八成的台灣消費者都有自己的個人臉書，你不該再將消費者純粹當作單純接收訊息的

一方；相反地，將消費者轉化成你社群的參與者顯得更為重要。因為，一名好的消費者，最多只是一位顧客上門而已，而一位積極的參與者，卻可能帶動數十位甚至數百位潛在顧客光顧。

社群時代，你要經營的不再是單純的銷售、買賣關係，你要經營的是社群信賴關係、雙向互動的連結，讓支持你的消費者，化身為熱情的積極參與者。你要贏得的不是一群隨時可能會變心的消費者，而是擄獲一批願意幫你宣傳的網路口碑大使，他們絕對是你最佳的產品代言人。

四、速度思維：慢思維VS快思維

速度，絕對是網路時代在各方面超越傳統媒體的競爭一大利多！你若忽略速度帶來的力量，就等於不懂社群經營之道，無法啟動企業自媒體的計劃。網路速度帶來的力量，不僅是時間上的即時性，更包含組織運用是否也跟得上網路競爭的速度。

例如：產製一篇吸引人的社群內容需要花多少時間？你回覆一則消費者在臉書上的問題，需要花多少時間？若消費者對你的產品或服務產生不滿，在你的官方臉書社群上留言客訴，社群最前線的服務人員，是否能搶在第一時間漂亮做好解決？網路時代的戰場，將不是強打敗弱，而是一個快可以打敗慢的競爭。

五、服務思維：功能型的產品服務VS口碑型的用戶服務

這幾年，我常到台灣各大企業授課、擔任顧問，我最常聽到的是大家介紹自家即將推出的新產品功能有多強大，結合了哪些最新的網路運用，又有哪些趕上流行的技術，如：社群、雲端、大數據、物流網……等，這些大企業常為新穎的各式名詞與時髦的技術感到自豪且興奮不已，卻忽略了應該對用戶更深入的掌握。

因為在一連串的簡報裡，我始終沒獲得一個最重要訊息，就是：為什麼使用者非要使用這款產品？它跟市場上類似的產品有何不同？又解決了什麼使用者關鍵問題？多數企業似乎都犯了一個同樣的致命傷，就是無論再怎麼創新的產品，有多麼強大了不起的產品功能，若想要能夠快速打開市場，一切核心思維應是消費者、是用戶端，而非產品、服務或功能有多強大。畢竟產品功能易於快速模仿，再創新的技術也可能被競爭對手追上，唯有真正幫助用戶解決問題，才是企業的核心根基。

企業想要徹底做到以用戶為出發的產品，就必須從頭到尾，檢討整套用戶體驗。因為，你要做的是贏得每一個用戶口碑，這會比你的產品在市場上賣出多少個來得更重要。因此，別再只是把產品賣出去、把錢收回來，追求短暫的市場銷售數字而輕忽了用戶體驗。在網路講究服務即口碑的時代，如果無法做出快速回應用戶的相對應服務，那短期銷售所贏得的數字將只是曇花一現，很快速地會被口碑給淹蓋吞噬，沒了用戶的好口碑支持，終將會失去最後的市場。

Must Note

「五個社群思維」筆記

1、互動思維：傳統大眾媒體VS分眾社群媒體

2、媒體思維：內容為核心思維VS用戶為核心思維

3、用戶思維：消費者VS參與者

4、速度思維：慢思維VS快思維

5、服務思維：功能型的產品服務VS口碑型的用戶服務

1-5 企業爲什麼要經營自己的媒體或社群？

別忘了！每一個用戶跟你一樣擁有自有媒體。你創造的內容若激起一個有影響力的臉書用戶注意，很可能激發出背後上百位共同朋友一同關注。

付費媒體 VS 自有媒體

若是過去企業所依賴的傳統媒體行銷方式已逐漸失靈，打造自己的媒體平台或社群，做自己的媒體，主動擁抱顧客，將會是必要也必須的重要投資選擇。

企業為什麼要經營自有媒體？很重要的一個重要關鍵是：付費媒體是一種產生短期廣告效益的花費。付費媒體的平台與用戶是別人的，你必須得持續花錢買廣告，才能讓自家產品獲得足夠的曝光、流量，換得消費者的認同與購買。不過，你的競爭對手也會砸錢買廣告，競爭者一多，廣告效能一降，在資源有限的情況下，你所負擔的廣告成本將隨著時間持續攀升。

相對地，自有媒體（簡稱：自媒體）是一種對用戶的長期投資與承諾。初期必須投資一定的人力、時間、資源、金錢，好讓你的自媒體用戶得以快速累積。好的自媒體經營，不僅可以讓長期廣告說服成本降低，當自有媒體的用戶質量持續擴大，影響力倍增，將會讓你對付費媒體的依賴度驟降，整體投入的成本也會跟著降低（見表1-2）。

持續關係 VS 短暫關係

自媒體也是一種用戶持續關係的維繫。你花的每一分錢不是做速成的廣告行銷，而是拉近你跟用戶的距離。尤其是自有媒體的社群經營，高頻繁的接觸率，每一天與用戶做數次的社群互動，不僅增強了用戶的印象度，也同時建立你跟用戶之間的信任關係。當關係愈是緊密，就愈有可能達成交易。

表1-2 付費媒體 VS 自有媒體的比較

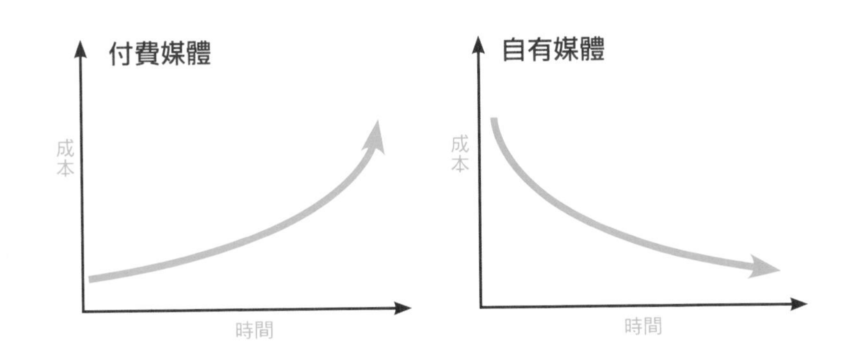

而付費媒體則善於促銷型、短期、間歇式的引發消費者短期交易行為，誘發產生購買行動的多半是一次性消費的顧客。你每一次都必須付出昂貴的費用及資源，才能創造足夠的媒體聲量（見表1-3）。

串流的內容VS單一的內容

打造一個好的自媒體，不能缺少產製好內容的能力！你的自媒體無論是在臉書社群、部落格、YouTube影片平台或LINE即時通訊社群，持續讓用戶受歡迎的好內容是營運自媒體每一天必須做的事。許多企業因經營自媒體必須得投入不少精力、時間、金錢去做，卻無法馬上看到銷售成績，因此打退堂鼓，或是不願也不知道投資內容能創造什麼巨大的價值，於是苦撐經營了一個要死不活、沒價值、沒未來

表1-3 持續關係VS短暫關係的對比

自有媒體對用戶而言是持續關係，隨時間可加深印象度；
付費媒體則屬於間歇式的短期行為。

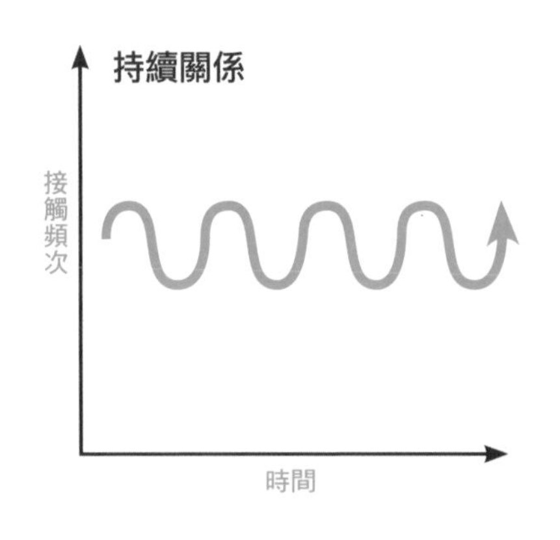

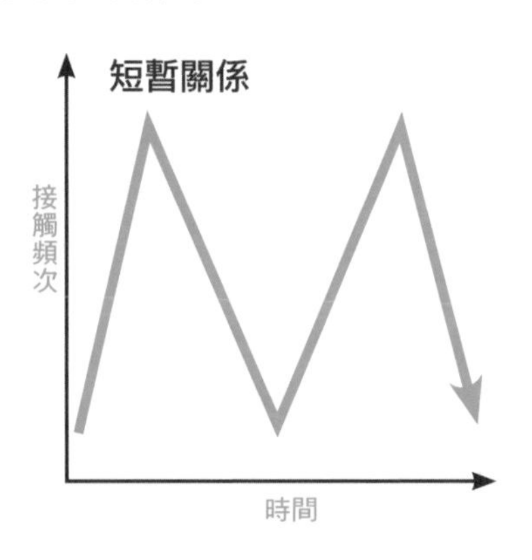

的自有社群。

每一個要經營自媒體的企業必須知道，內容真正的價值，首要條件是讓目標用戶喜歡你的內容，自願的把內容大量擴散出去。內容必須跟你的品牌、產品相關，更要與你的用戶緊密相連。別忘了！每一個用戶跟你一樣擁有自有媒體。你創造的內容若激起一個有影響力的臉書用戶注意，很可能激發出背後上百位共同朋友一同關注。當然，你也可以設法讓有心的用戶一起參與打造自媒體內容的計劃。讓他們貢獻原創內容，壯大你的自媒體，吸引更多對你感興趣的人加入。

在這個串流內容的行動社群時代，單一、枯燥、制式的廣告已不再能滿足多元、個性化的消費者，請省掉巨額的傳統廣告花費，開始把企業自媒體打造成一個充滿娛樂的節目頻道，吸引一大群愛不釋手固定收視的用戶。當他們熱中跟別人推薦你的優質內容時，你必須這樣做，因為你已無法用快打旋風式的廣告讓消費者掏錢包馬上做交易，但你卻可以用更高端的做法，讓消費者為你的自媒體節目內容著迷，甚至投入你的各式內容討論、形成話題在網路上被快速傳開。透過串流的內容，只會讓更多目標用戶、顧客找上你，久了成了你的忠實粉絲，這群粉絲自然會成就你更大的生意。

Must Think

千萬別輕忽一個人的影響力

別忘了！每一個用戶跟你一樣擁有自有媒體。你創造的內容若激起一個有影響力的臉書用戶注意，很可能激發出背後上百位共同朋友一同關注。

2

第二章

「個人社群」經營：別小看，你巨大的影響力！

2-1 新社群時代，個人影響力的崛起

新型態的「網路達人」在特定部落圈充滿領袖魅力，社群時代由下而上集結而生的群眾力量，格外充滿爆發力、動員力。

擁有龐大擁護者的自媒體，絕不輸三萬本訂戶的雜誌

新科技快速發展與新興社群的崛起，免費的社群平台與各式好用的App軟體工具，讓每一個人、無論是素人或名人，都有機會創造出屬於自己的媒體，造就了個人媒體時代的來臨。

見微知著，一個已發生的重大改變是小眾社群大量地在臉書、LINE出現，例如：女性消費者想要買包包，不需要直接到百貨公司、商場、翻雜誌，或進入網路賣場搜尋，就可以從臉書上專門賣包包的粉絲團內尋找到相關資訊；若是你希望了解購買過該包包的消費者評價，也可以直接在自己的臉書朋友圈或LINE群組中、詢問姐妹淘朋友們的意見。這類真實案例，其實每天一直在我們的生活中上演。因著新社群媒體的改變，消費者的主動選擇權早已從大眾媒體手上奪回，每

一位消費者的個人喜好愈來愈能夠客製化、個性化。這個變革，讓一個人的力量在透過社群領導一千人後，擴大了影響力。

倘若，一個人可以即時對超過十萬名以上的粉絲傳遞訊息、即時對話，那麼，這巨大的影響力更具穿透力也更嚇人！不要忘了，自媒體時代來臨，「個人即媒體」。一個擁有龐大擁護者的「自媒體」，絕對不輸一本「只有」三萬本訂戶的被動消費者；而一個超級有影響力的個人媒體，甚至可以挑戰上百台收視率不到1%的電視媒體頻道。傳統平面媒體長年缺乏與消費者直接互動溝通，雙方關係疏離已是事實。這裡，透過以下精選的五個真實案例分析，就可以讓大家更能理解，一個人透過自有社群媒體所發揮的巨大影響力，遠超乎我們的想像，而且一個人所聚集看似「小眾」或「一群」粉絲、追隨者的自媒體社群，常比傳統媒體更具有動員力，更能引發消費者產生購買行為！

案例一：奧斯卡自拍，展現名人的個人媒體影響力。

二〇一四年的奧斯卡頒獎典禮上發生了一件社群大事，引起全球上百萬人在社群上瘋傳迴響。奧斯卡頒獎典禮主持人艾倫・狄珍妮（Ellen DeGeneres），從主舞台走向眾星雲集的觀眾席，與茱莉亞・蘿勃茲、布萊德・彼特、安潔麗娜・裘莉、梅莉・史翠普、凱文・史貝西等十二位巨星大玩自拍，創下奧斯卡典禮有史以來最多明星公開自拍的紀錄。當下，艾倫・狄珍妮將這張自拍照上傳到Twitter社群，旋即被網友們瘋狂點擊，不到一分鐘內更超過十萬人轉貼，導致短暫當機，一小時超過一百萬次的推文，刷新了Twitter人氣最高的轉推紀錄。

事實上，這是韓國三星電子為該年度推出的新款手機Galaxy Note 3砸下重金，藉由名人自拍、擴大品牌宣傳的手法，一舉讓三星手機在奧斯卡大放異彩，吸引眾人目光。我們來分析一下，一位好萊塢巨星的一個Twitter帳號的追隨者超過百萬名，就算這是一場經過精心佈局的行銷事件，但在沒經過刻意修飾、設計的巨星自拍照發佈社群，串連入鏡十二位超級巨星的超級吸睛力，也足以達到品牌產品的一次性有效曝光。這種即時宣傳，簡直是傳統媒體跟不上的驚人社群爆發力，甚至事後還群體爭相免費幫推報導。可見，現在名人自擁自主性媒體的重要性與影響力有多麼重要。

案例二：Peter Su的超級臉書，刺激新書狂賣十萬本

帥氣的新生代暢銷作家Peter Su、創作內容極具感染力，在臉書上擁有高人氣，一年之間的粉絲數突破三十萬人，網路人氣像一個巨大磁鐵，粉絲緊緊追隨。他在二〇一四年四月出版第一本書《夢想這條路踏上了，跪著也要走完》，攻占各大暢銷書排行榜，銷售量破十萬本，名列年度本土作家銷量第一名。隔年，第二本書《愛：即使世界不斷讓你失望，也要繼續相信愛》在台灣最大網路書店博客來預購第一天就賣出了三千本、搶購一空，等於是一分鐘就賣出兩本書，正式推出後，繼續高居各大書局暢銷書排行榜之冠。這些驚人的數字是眾多暢銷作家一年的總銷售累

積，但Peter Su夾著網路高人氣與鐵粉支持，頻頻在單日、一週創造佳績，更持續蟬聯好幾週新書排行榜冠軍！Peter Su一個人的強大號召力，直接反映在銷售量上。

過去，作者必須等到新書上市之後，在各網路或實體書店架上才能知道書賣得是好或是壞。新的社群時代，情況剛好相反，書還沒推出，銷售量已經可以事先預期，因為龐大的潛在購買者、粉絲們，都早已經培養好在等候中。從Peter Su的例子中發現，因社群快速崛起的「網路達人」跟傳統自稱的「專家」之間，最大的差異是「網路達人」擁有屬於自己的媒體（如：臉書社群、YouTube影音、Twitter、WeChat），由自己掌握主動、即時的發言權。同時，透過個人社群的力量集結一大批有共同興趣、信念的擁護者，相互之間的關係更是積極、互動更是頻繁。這其中的親密關係與其說像閱聽眾，更像是某一種既感性又密切的朋友。

新型態的「網路達人」在特定部落圈充滿領袖魅力，社群時代由下而上集結而生的群眾力量，格外充滿爆發力、動員力；對照傳統大眾媒體所習慣稱的「專家」，多半有著顯赫的學經歷，或因出版著作而掛上了「專家」或「權威人士」一詞，其所建立的關係為由上而下、單向權威式領導，另外還有一種傳統媒體塑造而成的專家，透過電視節目、廣播等大眾媒體發聲創造了知名度，成了名嘴、名人。傳統專家們，若沒有創造自己強而有力的自媒體，發言權僅屬於大眾媒體一方，「傳統專家」與閱聽眾或讀者的互動關係是消極、疏離，有距離的（見表2-1）。

案例三：內衣部落客創品牌，轉型創業當小老闆

一個想要賺錢的部落格，不一定要靠廣告接案維生？我的好友Karen在二〇〇九年開始寫部落格，從分享自己購買內衣的試穿心得開始，每週平均分享二～三篇內衣試穿文章，由於聚焦撰寫內衣試穿的部落格不多見，「Bosslady薄蕾絲內衣試穿報告」很快就在部落格圈被網友發現、人氣快速加溫，短短一年就累積一百萬瀏覽人次。在臉書尚未出現的年代，「Bosslady薄蕾絲內衣試穿報告」已累積了一群忠實擁戴的死忠粉絲群，更從中注意到消費者購買內衣資訊不足、對櫃姊信任度低的缺口。

二〇一一年，Karen創業，將多年經營的部落格轉型，成立平台與自有品牌「Bosslady薄蕾絲衣櫥」，在網路上透過團購、推薦內衣商品，將原本被動收入化為主動式收入，目前已是一家網路店家的小老闆。

表2-1　網路達人VS傳統專家的差異

	傳統專家	網路達人
媒體	別人的媒體	自己的媒體
發言權	被動／被安排	主動／即時
互動	消極／疏遠	積極／頻繁
關係	有距離	親密／朋友
信任	理性／沉默	感性／密切

案例四：喜舖包在媽媽界爆紅，月營收百萬

千萬別小看一個部落格能創造的市場經濟規模！媽媽部落客CPU（周品妤）靠著自創的

「CiPU喜舖包」，成了全台灣市占率最高的媽媽包，上軌道後的月營收百萬，堪稱台灣媽媽部落格圈最成功的經典案例。CPU從自身需求為出發點、開發了「CiPU喜舖包」，針對新手媽媽的需求所設計包款經過媽媽們口耳相傳、互為推薦，每月可賣出上千個，即可見到受媽媽們喜歡的程度。

夾著CPU部落格本身已建立的「高信任感」，「CiPU喜舖包」很快地靠著第一批忠實的媽媽鐵粉們擁戴購買，在媽媽包市場上殺出一條路。請注意，這群忠實顧客不是單純盲從的消費者，而是長期看CPU部落格的擁護者、最佳口碑宣傳者。

人氣媽媽部落客CPU的成功，不僅是因為長年撰寫部落格所累積的粉絲群的支持，更重要的是她從自身新手媽媽的經驗，由部落格轉型創業，勇於切入家有零至三歲小孩，具備強大消費能力的媽媽市場。

事實上，一個擁有極大影響力的部落客，最大特質就是跟隨的粉絲不單是一般普通的消費者，而是培養出一群特定的鐵粉。這群鐵粉樂於分享CPU的最新文章、間接成為了宣傳者，他們勇於搶頭香購買新上市、新款的喜舖包，熱中且經常性地瀏覽CPU的部落格文章，即時給予各式回饋意見並保持緊密的互動關係，才能造就「喜舖包」成為又好又熱賣的商品（見表2-2）。

案例五：傑利的成功多角化經營，讓自己變身超級達人！

七年前，我認識了一位名叫「傑利」的旅遊部落客。他經營的「傑利的旅遊筆記本」部落格經營得有聲有色，每天瀏覽人數上千人。他的本業是國際導遊，經常在部落格分享世界各地的深度旅遊，內容在專業攝影與動人的文字描寫下，很快就吸引喜愛旅行的一批粉絲固定瀏覽。不久後，他自行創業，跟一般旅行社最大的不同是，傑利在創業之前就培養了大批長期訂閱部落格文章的網友與粉絲，甚至累積了不少自己書寫的旅遊相關資訊，讓人一上網搜尋就找到他、進而成為部落格新訪客。

事實上，我認識不少像傑利一樣因兼職經營部落格、產生巨大影響力，甚至發展出自己獨門好生意，他們之所以多角化經營得如此成功，都有一個共同特質，就是選定一個熟悉的「主題」做長期部落格的深耕，透過每週發文至少三～四篇，持續分享給更多人、吸引更多同好聚集，成為該主題被信賴的意見領袖。

表2-2 消費者 VS 宣傳者的差異

	消費者	宣傳者
習性	觀看/潛水	互動/分享
口碑	不愛分享	善於分享
忠誠度	一次性	經常性
影響力	侷限自己	樂於推薦
養成	一大群	微分眾
行為	網路閱聽眾	網路發佈者

Must Think

你的影響力，不輸電視台

一個超級有影響力的個人媒體，可以挑戰上百台收視率不到1％的電視媒體頻道。傳統平面媒體長年缺乏與消費者直接互動溝通，雙方關係疏離已是事實。

如何評估一個部落格的影響力？

如何持續拓展新的讀者、鞏固既有讀者定期瀏覽並讓影響力持續延展？這時，部落格文章的可看性變得非常重要。

如何把部落格經營成可以賺錢的好生意？

如果，想把「寫部落格」經營成一門可以賺錢的好生意，必須要知道一個有影響力的部落格是由單日部落格瀏覽人次、目標受眾的精準度與人數多寡、搜尋強度、內容豐富性與社群加值等五個評估價值指標所構成，我在以下分項說明。

一、單日部落格瀏覽人次

想要靠接廣告案件賺錢，廣告主第一個看的就是部落格的單日部落格瀏覽人次。這個衡量標準是從傳統一本定期出刊的雜誌所衍生而來，也就是根據發行量、鋪貨通路市占率、傳閱人次的參照比較所衍生的數據，來判定一本雜誌的影響力。同樣地來看部落格的廣告市場，部落格單篇文章的價格大致可分成A、B、C三種等級，可參酌以下的分項說明。

A級：超級部落格

單日部落格瀏覽人數一萬以上，單篇價格一萬元以上。

B級：黃金部落格

單日部落格瀏覽人數五千～一萬之間，單篇價格介於五千元～一萬元不等。

C級：有價部落格

單日部落格瀏覽人數一千～五千之間，單篇價格介於一千元～五千元不等。

二、目標受眾：是否精準？觸及人數多寡？

一個部落格的好壞，除了瀏覽人次多寡之外，更重要的是部落格的文章究竟都是誰在看？閱讀的受眾是否夠精準？精準觸及的人數又有多少？這幾個點非常重要。例如：如果一個部落格長期深耕「美食團購」相關議題，聚集了不少熱愛美食團購的消費者，那麼這位部落格哪怕人氣只是C級程度的有價部落格，每日部落格平均瀏覽人次僅約三千人，但由於受眾精準、對特定目標族群的號召力強大，也會被廣告主高度青睞，甚至廣告主願意支付較高的單篇文章價錢，做更緊密的合作。

三、搜尋強度：上網搜尋關鍵字商機大小

部落格文章還有另一個非常重要的價值，就是當消費者上網搜尋時，可能因部落格文章的正評或負評，左右了消費者的最終購買決策。我們不能忽視一個有影響力的部落格，對於搜尋結果造成的重大影響。試想，當累積超過三百位部落格撰文推薦你賣的產品或服務時，消費者上網搜尋相關字詞時，可以輕易在第一～三頁搜尋結果頁中找到各種好評價，這將激發潛在消費者的興趣與信任感。因此，務必關注每一篇跟你有關的文章、每一則對你的評論，讓部落格成為你最好的網路口碑推銷員，將上網搜尋關鍵字與部落格文章巧妙融合，會為你帶來源源不絕的人潮及錢潮。

四、內容豐富：撰文品質與說故事的能力

對於想要長期經營部落格來說，如何持續拓展新的讀者、鞏固既有讀者定期瀏覽並讓影響力持續延展？這時部落格的文章可看性變得非常重要。最忌諱的部落格文章是同一主題千篇一律，或毫無新意如公式化的開箱文。一篇好的部落格文章，必須真正對網友有所幫助，除了肯花大量時間為網友做足功課、客觀分析產品等基本功之外，如何讓每一篇文章用簡明易懂的圖文解說來撰文，就如同說一個打動人心、平易近人又真實的好故事，這將變成我們在看部落格影響力數字之外，很重要的一項：內容「質」的能力。

五、社群加值：善用臉書即時互動提升影響力

一個部落格的影響力強弱已不能僅從單一部落格來看，社群時代來臨，必須結合臉書社群或行動社群如Instagram綜合評斷。幾乎人氣的部落格都會善用臉書即時發佈、推播的功能，去壯大自己的單篇部落格文章瀏覽人氣，更有甚者，會在臉書上舉辦社群活動，提高跟粉絲之間的互動性與凝聚力，補足了部落格在雙向即時互動上較不足的部分。

部落客達人的五大行銷力

如果將部落客達人視為一門好生意！以真實的例子「傑利的旅遊筆記」來說，我們可以從中歸納出若能持續精進創作力、企劃力、號召力、說服力、賺錢力等五個行銷力，就非常有機會搖身一變成為能賺錢的部落客達人（見表2-3）。

一、創作力：文字、攝影、音樂、影片的優越表現能力

無論是透過文字、攝影、音樂、影片……等形式表現，一位部落客必須具備足夠的創作能力。一開始寫部落格時，也許沒多少人認識、也沒有多少人看，但在經年累月之後，不僅文章吸引更多讀者，累積的部落格文章也可集結成冊、出版，更可能成為該領域熱門的演講者，例如：

傑利。他更將多年旅遊京都的部落格文章重新編寫、集結成書，先於二〇〇八年出版了《京都岔路》成為暢銷書，二〇一〇年再出版第二本暢銷書《慢漫京都：再見！我還會再來》，二〇一四年時，又把北海道十個深度旅遊的玩法寫成《北海道的幸福休日》一書，此外，他不僅擔任導遊，還常受邀演講，而功夫了得的攝影技術還常獲邀開班授課、場場爆滿。

二、企劃力：實際經歷表達特定主題的個人觀點

備受關注推崇的部落客

表2-3 部落客達人的五大行銷力

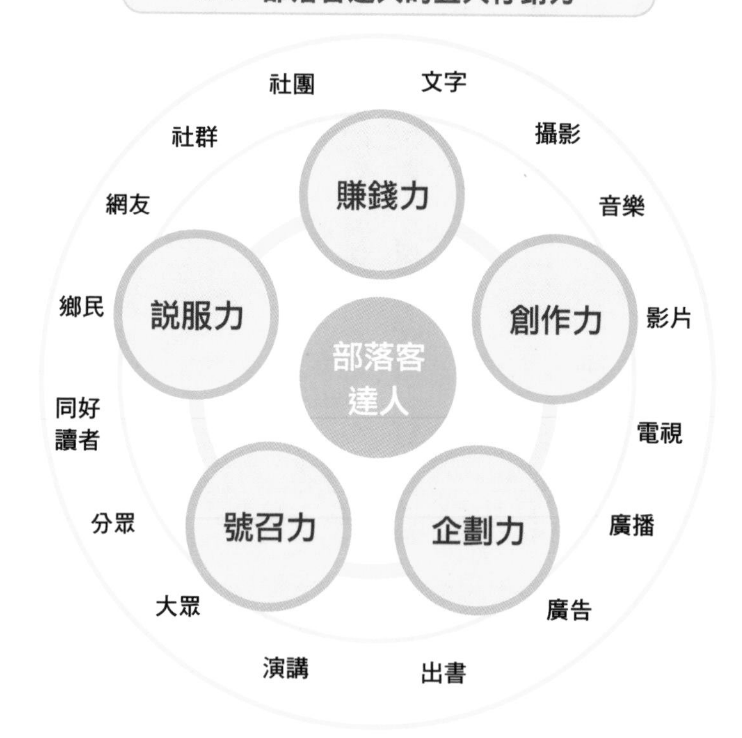

善於將文章企劃成一篇篇廣為網友分享的好文章。好的企劃力，必須仰賴大量閱讀該主題相關知識、加以歸納整理分析，最好能以實際經歷去表達該主題的個人觀點。最後用網友懂得的言語，以圖文並茂、簡明易懂的言語來企劃出該主題文章，例如：傑利曾在部落格企劃過「十大必去的旅遊景點」、「住飯店一定要知道的五件事」、「京都旅遊大補帖」、「北海道旅遊懶人包」……等主題，幫網友做了淺顯易懂又實用的分析與個人心得。

三、號召力：有沒有一呼百應的即戰力？

一位優質的部落客，是否有足夠的號召力？這是非常重要的部落客影響力價值指標，號召力也是最直接反映部落客與造訪者之間的信任關係是否夠緊密。例如：部落客號召一起團購的集客力強嗎？動員一起參與某公益捐款、路跑活動的響應人數多嗎？動員網友分享某篇有意義的文章，集結更多同好響應，一呼百應的即戰力大嗎？

四、說服力：部落格形象帶來的滲透力

一位超人氣部落客就像明星般，在網路上寫文推薦商品，有時可信度甚至更勝藝人的代言？例如：傑利在部落格就以親身推薦Levis牛仔褲與高階相機。廣告主之所以找上部落客，不單是看上部落格文章看的人多，更看中自有品牌的產品與部落格形象的一致性，只要契合度夠高，對於

表2-4 部落格經濟圈：賺錢力

類別	內容
賺稿費	•部落格廣告文：產品體驗、試用、開箱文，約3千~1萬元以上。 •雜誌專欄寫稿：報章雜誌文章或專欄，約3千~5千元/篇。 •出書：邀約出版書籍，版稅收入約10%。 •授權：文章、照片、插畫，授權使用費，單次2千~5千元。
賺廣告費	•網路廣告：Google Adsense、BloggerAds。每月約2百元~2千元。 •臉書粉絲團貼文：推薦商品的短文、圖片、影片，單篇貼文約1千~5千元。 •導購分紅：寫文推薦後成交價格收費，導購成交計價10%~20%。
賺演講費	•演講：政府、組織、企業、校園，一小時費用約1千6百元~3千元。 •課程：單次課程或系列主題課程，單次3小時約4千8百元~9千元。
賺商演費	•活動出席：產品發表會出席，回頭再寫文推薦，出席費2千~3千元。 •代言產品：成為廣告明星，拍廣告或授權使用肖像代言，費用1萬~3萬。

消費者的滲透力自然夠強。

五、賺錢力：部落格經濟百花齊放、商機多元

部落格經濟圈所能創造的生意非常多元，每一位部落客也有自己獨特的生意經。二〇〇六年，我與夥伴草創了台灣第一個部落格經濟平台，當時寫部落格能賺錢的方式，主要在部落格上安裝側邊欄廣告賺取廣告費。二〇〇七年開始，我們推出台灣第一個讓廣告主可以快速贊助部落客繼續創作的部落客寫手平台，在此之後五年內，部落格經濟圈百花齊放，衍生出除了賺廣告費之外，更多好生意，例如：賺稿費、賺演講費、賺商演費……等多元商機（見表2-4）。

如何評估個人臉書的影響力？

台灣人熱中臉書、LINE，每一個人都能從自己的人脈圈，對朋友、團體、組織發揮影響力。二〇一四年三月份的「太陽花學運」，原只是少數的個人討論，後來快速集結數十萬人走上街頭，將原本虛擬的社群人氣轉為實質行動的能量。

影響力的過去、現在與未來

二〇〇九年，臉書在台灣因社群小遊戲「開心農場」而爆紅，台灣使用臉書的用戶數以每月數十萬人的超倍速成長曲線竄起，一年後超越當時台灣最大的社群網站無名小站，成為台灣活躍用戶數最多，也是影響力最大的社群平台。

由於工作關係，我從二〇〇六年開始研究社群網路、口碑行銷等各式議題，更實際投入成立社群口碑網路事業，時至今日，臉書社群的各種議題仍備受產官學關注，研究臉書的跨領域主題就有上千種，其中，最廣為人感興趣、受到高度關注，大量討論的議題就是：個人的臉書社群影響力有多大？該如何評斷？在此議題下，更衍生出一連串有意思的問題，例如：個人在社群上的影響力跟產品銷售有直接的正相關嗎？如果有，我們該如何評估個人臉書社群影響力的大小？是以「朋友數」與「追蹤人數」多寡來判斷影響力能觸及的範圍嗎？還有其他衡量影響力的重要數字指標嗎？

過去，專家、藝人、明星必須透過電視、廣播、報章雜誌……等傳統大眾媒體的大量「曝光」以累積知名度，只要讓愈多人認識、愈多人喜歡、受愈多人青睞，就可以逐漸建立起影響力，其背後代表的意義是這些人推薦的商品，可信度與公信力較高，增加消費者購買時的安心度，更有特定品牌或產品在明星光環的加持下，吸引大量粉絲們追捧，快速打開市場知名度、刺激銷售量。

後來，個人化的部落格出現，也誕生了一些明星級的部落客、爆紅程度猶如藝人般，不過，部落客也因「人氣」大小差異，有了A咖、B咖、C咖之分，隨著部落格撰文的「主題」差異，從美妝保養、時尚流行、美食旅遊、財經投資、3C科技、插畫動漫、影視娛樂、政治評論……，在各領域站穩一席之地，也豐富了整個部落格生態。

如今，社群網站蓬勃發展，特別是台灣人熱中的臉書、LINE，讓每一個人或多或少都能從自己的人脈圈內，對朋友、團體、組織發揮影響力。因此，才會出現二〇一四年三月份的「太陽花學運」，事件的開端原只是少數的個人討論，當發起後便快速集結成上萬人聚集走上街頭，將原本虛擬的社群人氣轉為實質行動的能量。

影響力＝擴散力＋社群力＋活躍力

為了更了解一個人在臉書影響力有多大？二〇一三年十一月，我設計一個計算「個人臉書社群影響力」的平台，取名為「Fanly 粉力」。「Fanly 粉力」主要透過採集過去九十天的個人社群行為，經過嚴密的計算而成，分析方式從「擴散力」、「社群力」、「活躍力」三個簡明易懂的角度進行，三者的分數愈高，代表個人在臉書的影響力愈大。因此，只要有臉書帳號，登入「Fanly 粉力」平台，就能計算自己的「社群影響力」。以下分別說明三種數值所代表的意義（見表2-5）：

這裡，我以個人的「粉力」分數來檢驗社群影響力為例。由於，我已經固定在臉書上每日定期分享有關對電子商務、網路創業的短文評論，以及個人對工作及

表2-5 分析個人臉書社群影響力的三數值

朋友數與追蹤數

社群中每個分享、按讚、留言、標記的互動次數

發文、傳照片、分享、辦活動的次數與紀錄

Fanly粉力網址：www.fanly.com.tw

日常生活的心得，吸引了上千人追蹤。我的每日發文次數約五～七次，每一篇發文平均會獲得一百五十～二百個按讚數，單日總按讚數平均一千一百個；其中，每一週都會有三～四則特別引起熱烈迴響的發文，該則短文會收到五百～七百個讚。

我透過「粉力」計算近期的影響力的結果：社群力上獲得九十五分、擴散力為八十七分、活躍力有九十三分，綜合三個指數最後得到九十分。有七百八十位臉書朋友也加入「粉力」指數測驗的影響力來看，在朋友圈中影響力總排名第三。我注意到影響力數值達到七十五分以上者，都是在臉書極為活躍，在社群圈中具影響力的意見領袖。

由於「粉力」會將你每天在社群上的各種行為做出一個綜合統計分析，因此每日數值都會有一些起伏波動。例如：當使用者第一次登入的時候，粉力會先計算最近三天的互動數字，經過二十四小時後，再補足過去九十天的互動情況，因此數字會有明顯變化，之後每日的粉力各項數字就是以你九十天社群互動的狀況來做運算（註1：Facebook不定期修改其使用者數據API系統，因此粉力有時會因Facebook變動而發生運行異常或數據傳輸障礙。註2：美國也有針對Facebook、Twitter、Linkedin……等提供測試評量的Klout綜合社群影響力服務）。

個人影響力、受眾精準、產品相關，三者齊備才有助提升銷售

雖然「粉力」的數值凸顯了一個人在臉書社群的社交接觸範圍（社群力）、社群互動行為狀況（擴散力）、社群使用頻率（活躍力）。不過，實際上能與個人在社群影響力的實質蘊藏的價

值及意義，仍有許多不足，以及值得再更深入探討的問題。例如：影響力愈大，並不等於推薦商品時的銷售量，二者的關係並不是絕對正相關；換言之，個人臉書朋友數與追蹤人數愈多，也不見得在臉書上推薦產品的實際銷售表現，就會多於臉書上朋友較少的一方。我長期觀察發現，若要讓個人社群影響力直接反映到實質銷售數字上，這另外還與產品本身與個人之間是否具有高度相關性？目標族群是否精準？三者之間都必須具備著高度關聯性，才能真正從個人社群影響力直接幫助銷售及推廣。

以我本身為例，因為我有定期篩選好書，並在臉書上推薦、分享給朋友的習慣，而受眾族群有超過一千人是長期授課累積的學生朋友，再加上我本身創立多家公司、長期投入網路產業，因此，在推薦商業或網路相關書籍時，在「關聯度」（產品vs個人）與「信任度」（個人vs受眾）上，產品、個人、受眾三者之間產生直接正相關性，所以，只要我在臉書上推薦的商業書籍，幾乎都會引發許多朋友立即產生購買行為。

因此，個人社群影響力，除了可從擴散力、社群力、活躍力做輪廓式的了解之外，個人信任度與發文內容之間，長期對社群人際圈的關聯及信任度的高低，都跟個人臉書影響力密切相關。若有要透過臉書做銷售推廣時，都應一併把這些因素考量進去，不能單純只考量能接觸的社群人際圈的範圍大小。

Must Think

臉書朋友多≠實際銷售表現

個人臉書朋友數與追蹤人數愈多，不見得在臉書上推薦產品的實際銷售表現，就會少於臉書上朋友較少的一方。若要讓個人社群影響力直接反映到實質銷售數字，產品、個人、受眾三者之間必須產生直接的正相關性。

2-4 擦亮你的個人品牌，個人媒體經營之道

千萬別小看自己只是個「素人」，事實上，網路社群中最具影響力的幾乎都是素人。他們看似平凡無奇，卻對某一些議題充滿創作能量。所以，只要你願意，其實也可以做得到。

為什麼要成立個人臉書？

這是一個社群時代，從個人到企業都是如此。但你真的意識到了嗎？你真的清楚成立臉書的目的是什麼？臉書為你帶來什麼影響？真的發揮個人臉書最大價值了嗎？這影響對你的事業、家庭、生活、人際有什麼影響？我常問我的企業界學生這些問題。經過探究超過一千位學生後，我終於有了具體答案：一位有在經營臉書社群的人，臉書對他的影響一般都會演變出維繫友情、擴大朋友圈、社群歸屬感、專屬個人品牌與創作內容者，這五種有意義的價值，我在以下分項說明。

一、維繫友情

維繫友情是最多人擁有臉書後認為最大的好處。你身邊可能不缺乏朋友，但卻沒有好好經營。許多值得認識的朋友，因為雙方來去匆匆，變成泛泛之交的情況多不勝數。「如何維繫這些朋友的關係？」變成一門大學問。學校並沒有一門課好好教你如何與人相處，以及如何讓人與人之間的交往產生更有意義的連結與延續。如果你懂得善用臉書社群，應該懂得將朋友加以分類、設定「好友群組名單」，分類進行互動，維繫情誼效果將會更好。本文後續，會教你如何活化你的人際關係。

二、擴大朋友圈

你的交友網絡有多大？僅止於工作上的同事或侷限在某一特定社交圈？你若想理解自己的人脈圈大小與社交圈涵蓋範圍，可以試著問你自己，是否可以舉出在不同專業領域中，你不但認識且值得推薦的一位好友，便可知道。你要證明你對該領域的專精，不是用你的專業或經驗來證明，而是用你認識誰？你跟他的關係有多深？用你能帶出什麼樣的人脈價值鏈，才足以證明你真的在這領域有料且罩得住。

三、社群歸屬感

大眾已死，現在是一個小眾的社群時代，每一個人可以有多重身分並可以隨時切換、自由穿梭，你有可能因為相同興趣而加入同好人士的社群，也有機會因為生活習慣而投入不同小眾社群部落裡活動。你在小眾裡，反而更容易有歸屬感、更自在做自己想做的事，說想說的話。臉書社群上充滿各式主題社群，還可以自己發起、號召別人加入你新組成的社團組織，就像大學社團嘉年華一樣，你可以輕易選擇一個社團加入、成為一分子，參加組織所舉辦的實體活動，更深入與社群成員交往。

四、專屬個人品牌

臉書是採實名制的，你必須用真實姓名去申請帳號，也唯有用真實身分在臉書上活躍，才容易獲得最大的認同與反饋。因此，你的個人臉書其實就代表你這個人的個性、嗜好、興趣，你所分享的資訊、發表的想法、互動的行為，都在形塑每一個人對你的看法。別小看你在臉書上的一言一行，對現在企業雇主而言，求職者除了提供中英文履歷、自傳或是推薦信等之外，也會要求加入求職者的臉書朋友。從你平日個人社群媒體的行為與人際圈來了解你。這些都是紙本戰功上所看不到的特質，因此，你應該更有意識地將臉書經營成你的「個人品牌」。

五、創作內容者

臉書，滿足了很多人創作與分享的渴望。如果你是一位街舞表演工作者，可以透過智慧型手機拍攝一段跳舞影片，上傳到個人臉書上；原本只有幾個人知道的精湛舞技，透過個人臉書的分享蔓延後，便有可能被幾百、幾千甚至上萬人看見。你熱愛美食，習慣每週固定分享親身體驗過的美食評論文，你在臉書上就有可能多了一個美食評論家的身分。換句話說，你可以利用臉書作為個人創作呈現的平台，將自己喜愛的事物、專精擅長的議題，透過長期創作、發表內容的形式、在臉書上建立出個人的「全新價值」。

因為你創作的內容，可能交到一群志同道合的朋友；因為你的分享，可能接觸到你從未想過，實體生活不可能交到的陌生朋友；因著你持續創作值得一看的內容，你可能多了一些頭銜，如：咖啡專家、手工蛋糕達人、知名背包客、慢跑好手、攝影大師……等，吸引一群小眾粉絲追隨。同時，也因這股社群力量的支持，讓你的創作獲得持續的動力，這股力量集結的小眾群聚，甚至可能衍生出一門好生意。

千萬別小看自己只是個「素人」，事實上，網路社群中最具影響力的幾乎都是素人。他們看似平凡無奇，卻對某一些議題充滿創作能量。他們不需要討好多數人，只在乎滿足自己及對特定支持粉絲或朋友負責。他們的內容極具爆發力與擴散力，不輸給名人或大明星。所以，只要你願意，其實也可以做得到。

正視你的「弱連結」社交人脈圈

根據我的觀察，社交關係網絡最有價值的人脈，往往就是你較少互動、最少往來的那群人。你沒聽錯！就是那群你忽略、疏於聯繫的「泛泛之交」，這些互動較不緊密的朋友，通常會比經常往來的同事、朋友的貢獻更大。正如暢銷書《80／20法則》作者，本身也是一位成功的創業家、擔任歐美各大企業策略顧問二十餘年的理查·柯克（Richard Koch），在另一本著作《超級關係：弱連結法則所爆發的強大社群力量》點出人際關係彼此相連的箇中奧祕，「那些偶然在某一場場合遇到、不經意交談的陌生人，反而會帶給你更意想不到的大幫助。」原因為何？

人際關係之間，最親密的家人與朋友正是所謂的「強連結」（Strong links）。由於「強連結」跟你的工作資訊、生活習慣的取得來源相似，再加上因為經常往來互動，在高熟悉度的條件下所能擦出的火花最有限，例如：資訊的交流、朋友的介紹等。不過，在跟「強連結」的朋友互動時，由於「關係」夠緊密，或許在互信度較高的基礎下，比較容易獲得直接的幫助，但在知識、資訊、創新想法與跨領域人脈的推薦部分，相對帶來較大的限制。

相反地，那些你認為人際圈外圍的「弱連結」（Weak links：指泛泛之交、不太熟悉的相識者）人脈，反而是新鮮知識、新點子、突破性發展、創造新人脈的重要泉源。「弱連結」的產生，比較常會伴著年齡增長、經歷變多、交友圈愈來愈廣，無法每一位都深入或緊密來往的情況下形成；另外還有一種型態，就是人生的階段性朋友，例如：學習進修告一段落、轉換工作、結婚成家、有了孩子、投入不同嗜好……等，自然會出現熱絡與疏離的朋友。這些從相識變成泛泛之交、偶遇不太熟悉的點頭之交，又或者是朋友間接介紹的一面之緣，這些都可能是人際圖譜裡極為寶貴的「弱連結」。

Must Note

千萬別忽略泛泛之交

互動較不緊密的朋友，通常會比經常往來的同事、朋友的貢獻更大。

史上最強 個人臉書經營術

打開你的臉書首頁，你是否加了一堆朋友，有些甚至是不常聯繫、陌生朋友、見一次的朋友……，時間一久，造成了臉書動態塗鴉牆上，難以看到真的要找的好朋友。

善用臉書社群，活化管理你的黃金人脈！

你的臉書上有多少位朋友？這些朋友主要是哪一群人？同學、死黨、同事、家人……？你一天能跟多少朋友互動？一週又能在臉書上接觸到多少位朋友？哪些朋友是成為臉書朋友後，從此就疏於互動聯繫的呢？

根據臉書官方統計，每一個人臉書平均有二百五十位朋友，若是熱中社交、活躍度高的人，個人的臉友甚至超越一千人以上。不過問題來了，一個人在臉書動態上能接觸到的朋友，一天平均最多可接觸到約一百五十位朋友發佈的訊息。這些朋友會是經常在你臉書上有互動的人，包括：互相按讚、彼此留言、樂於分享你的訊息或轉發訊息者。由此可知，若沒有好好管理臉書朋友，就有可能發生以下三個常見的問題：

一、你有一群加入你臉書，卻一點都不熟的朋友，極少在臉書社交與往來。

二、你加入不少臉書朋友，但多數因著疏於互動，久了就無法看見彼此臉書的動態。

三、當你的臉友們愈來愈多，你不可能每位朋友都照顧到，每一天還是習慣只跟某一小群人互動。

根據以上三點，完全可以證明你在臉書上缺少對「弱連結」朋友的足夠關注，而那些「弱連結」朋友卻蘊藏著寶貴價值。這時，你必須真正讓「弱連結」朋友展現價值，善用臉書來活化這些蘊藏的人脈與寶貴的價值。

現在開始，讓我來告訴你，如何用你的個人臉書活化人脈？這不僅對你工作事業上帶來極大的幫助，同時對於打造個人品牌與創造商機、新知識獲取上，都有直接正面性的影響。如何做到？以我自己的例子為證，以下三個步驟，會讓你馬上明瞭活化臉書人脈所帶來的極大好處。

步驟一：先將好友名單分類

打開你的臉書首頁，你是否加了一堆朋友，有些甚至是不常聯繫、陌生朋友、見一次的朋友……，時間一久，造成了臉書動態塗鴉牆上，難以看到真的要找的好朋友。我建議，開始將你的臉書朋友依照背景、興趣加以歸類，在臉書朋友清單之中，新增公司同事、顧客、親戚、高中同學、大學同學、網友……等「群組」。然後，把每一位朋友一個一個設定到該臉書分類中。這將會讓你的臉書可以快速找到想瀏覽的好友訊息，同時，也才能真正讓臉書的人脈價值發揮到極致。

我將個人臉書視為我專屬的「動態智囊團」，依照職業、興趣、身分……等分類歸納四千兩百多位朋友（另外有四千人訂閱追蹤），另外，再把加入過的一百五十個品牌及媒體的臉書粉絲專頁，區分出七十多個「群組」，這麼做的好處，就是讓每一個「人」可以輕易被找到並維持聯繫。

由於我一年最少交換過的名片超過五百張，若要一一清楚記得每一人、根本就不可能。現代人換工作的頻率太高，很多名片這次拿了，過一陣子因為對方換工作，很快又不能用了。我認為，名片給的資訊是死的，人是活潑、多變化的，人與人往來更需要存有溫度、主動出擊來維繫友好關係，僅透過一張名片認識對方的資訊十分有限，維繫上若只是靠email或手機，那經常是「有事」才會彼此聯繫，然而，平時情誼的維繫通常建立於「沒事也會找事」互動的基礎，才有機會讓關係加溫、建立更進一步的信任關係，所以，這完全得仰賴平常在社群上的互動才有辦法辦到。

因此，與其靠名片聯繫，不如將臉書變成個人社交通訊錄，透過對方臉書上每天的動態訊息，你不僅可以認識這位朋友，同時也找到彼此共同朋友、共同興趣、共識議題，你也可以從臉書資訊更了解這位朋友，重新歸納整理分類到不同或多個自組的臉書群組中。

現在開始，請好好管理你的臉書朋友清單，先將好友加以分類，你會發現「貴人」可能就在其中，而這也是活化人際網絡，創造人脈價值最重要的第一步；這裡，我大方公開「我的動態智囊團」（見表2-6）。

步驟二：活化管理臉書群組

如果，你還只是將臉書視為有空上去瀏覽朋友們最近在做什麼、主動打卡分享

表2-6 好友名單分類：建立你的動態智囊團

三大人脈圈	九種類型的動態智囊團	好友名單的「群組」分類（舉例）
連結你的親友，與跟你個人興趣相關的朋友	談心的同性好友	摯友/教會朋友
	家人/親友/同學/老同事	家人/親友/老婆的朋友/大學同學/研究所同學/前東家同事
	個人興趣群組朋友	親子社群圈/慢跑圈
讓你工作事業上更好的人脈圈	工作夥伴與顧客朋友	事業夥伴/顧客朋友/同業朋友
	工作領域相關的專業人士	網路創業家/網路開店業者
	跨領域的專業人士	律師/會計師/醫生/財經投資人士/職業運動選手……
打造你第二人生與創造個人價值	你第二專長有關的朋友	企管顧問圈/講師圈/創業家圈
	富啟發性的前輩或導師	商業界名人/創業家/作家
	媒體圈朋友	影視報章雜誌工作者/記者/出版社/部落格或臉書意見領袖

美食、心情抒發之地，就實在太可惜了！懂得善用臉書，不論是打造個人品牌，擴大人際網絡、掌握即時資訊或汲取有用知識，都能讓你在工作上大加分，只要懂得臉書使用的竅門，任何人都可以辦得到。當你完成上述第一步驟，建立個人的好友群組、將朋友分類之後，就要開始「活化」社群上的朋友關係，以正確「行動」來創造個人的社群價值。那麼該從何開始？又如何做到呢？以下六招實用方法，值得你一試。

(1) 與關鍵人士建立良好關係，好處多多

每一個產業、圈子或社群都有幾位關鍵的意見領袖，他們多數是這個圈子的關鍵「樞紐」、說話極具分量，更熟識這圈子內的每一位朋友。無論你在哪一行，若想要快速上手或更遊刃有餘，應該積極跟這群關鍵人士建立良好的關係，甚至成為臉書朋友。當你還不熟時，最好先看過對方有關報導，如果對方有出書，不妨看完書後附上個人心得，有助於開啟雙方的對話。例如：我經常看完一本書，如果書的內容對我有所啟發，我就會上網找出這位作者的個人臉書，用三百字書寫簡短心得，真誠地與這位作者交流。通常，作者很難拒絕他的讀者，所以，邀請你成為臉書朋友的成功率極高。我用這個方法，陸續認識了不少臉書上良師益友，例如：紅面棋王周俊勳、外資首席分析師楊應超……等。他們在該專業領域之中都是佼佼者，可是在我的現實生活中卻難以接觸，還好，拜網路科技之賜，臉書、社群網路助我們觸及這些可能對人生富有啟發關鍵

的陌生面孔。

當然，你也可以透過臉書上認識的朋友引薦，增加彼此信任的關係。倘若你還沒有準備好或不知道該從何開始展開你與「關鍵陌生人」的對話，建議可以先追蹤對方的臉書動態，從旁多了解、多認識，先成為對方跟隨者、粉絲，不定時的給予按讚支持，偶爾留言、互動，請記住，建立互信的關係可能需要花上好一段時間，才會逐漸產生好感、留下印象，進而提高對方更進一步跟成為朋友的意願。在雙方互信的基礎下，才會發展衍生出互助、互利更深層的社交關係。

(2) 用問題創造互動，也創造新的群組關係

我自己有一家專門販售專業運動襪及運動用品的運動公司，有一天我想找長期固定慢跑的跑者與自行車好手來做產品體驗推薦，可是，在經費有限又想找有力人士推薦的情況下，我決定在個人臉書上主動丟出問題，問朋友們：「有哪些人從事慢跑或自行車運動？」一天內，該則發文竟然收到三十多位朋友回覆。

第二天，我分別寫了臉書私訊給這些回覆的朋友們，詢問他們是否可以成為運動襪的試用者，由於對方本來就是臉書朋友，信任關係自然不同於一般消費者，因此，很快地獲得肯定的答覆。這群朋友在收到我提供的免費運動襪、親身體驗之後，毫不猶豫地在個人臉書上分享使用心得並積極推薦，就這樣，我陸續再邀請了周遭熱愛運動的朋友一起加入體驗活動行列，幾次下來，產品的口碑不僅快速擴散開來，創造銷售佳績。

除此之外，更值得一提的是藉由活用臉書，在不干擾對方的情況下，我個人臉書也因此新增了一個慢跑與自行車好友群組，這是用問題創造出來的新群組關係。一年不定期操作，又在臉書朋友們呼朋引伴介紹下，這個愛運動的朋友群組迅速增加到六十多位朋友，這群朋友成了最好的推廣者、最佳的品牌大使，只要一有新產品推出，我第一時間就會請他們體驗，如果東西夠好，他們就會幫我在網路上大力分享，成了一個正向的免費口碑循環！

(3) 蒐集第一手情報的重要來源

你如何蒐集競爭對手資訊？你如何善用臉書人脈、掌握第一手情報？以我的習慣來說，我每一天會快速瀏覽國內外最新網路文章、電子商務脈動，同時，我熱愛運動賽事、時下最新流行產品相關報導也不放過。這大量的資訊，我一樣用「好友名單」群組管理的簡單方法，將訂閱的臉書粉絲團歸納分類成一個個「主題群組」。每天利用排隊三分鐘、坐捷運十分鐘、等車二分鐘、會議空檔五分鐘……等零碎的時間打開智慧型手機，上臉書的「主題群組」與「分類好的朋友名單」，瀏覽各項主題資訊。

我有七十個群組，每一天經常瀏覽的就有十個，由於早已經先做過有效的分類，他們就像我的客製化分眾頻道一樣，不僅即時掌握最新的動態資訊，同時如有問題，還可以即時找到這些主題頻道的專家、達人朋友請教，對於工作的聯繫也大大節省時間，在效率與效能上都帶來極大幫助。例如：我要舉辦一場「亞太電子商務的論壇」，必須聯繫印尼、菲律賓、泰國、馬來西亞、中國等國家當地的電子商務企業代表出席，我馬上打開平日就累積建構的「亞太電商」朋友群組，直接用臉書私訊跟每一位溝通聯繫，有些不認識的朋友，則透過這群朋友幫忙轉介推薦，一天內就敲定了所有會議出席的講者。這在過去，可能需要花上至少一週時間才能敲定的名單，我一個人卻能在一天之內完成，效率整整提高七倍，而且因朋友再幫忙介紹新朋友，又再度擴大了這個群組的人脈清單。

生活上，在我當新手爸爸之後，也開始著手建立個人的臉書親子好友名單。我將周遭當了爸媽的朋友都新增到一個親子群組中，以方便點選、即時請教他們關於育兒經、親子疑難雜症，除此之外，假日還可方便聯繫一起相約出遊。這個群組，隨著我跟這些新手爸媽們線上與線下的社群互動熱絡頻繁，規模也快速愈變愈大，成了一個超過百人的私人小型親子俱樂部，對我有非常大的幫助。

(4) 重新找回舊關係，常會獲得意外的祝福

曾經最好的大學同學、前東家的老同事，往往一年難得才相聚一、二次，但透過臉書可以方便地「連結」起這群「弱連結」的朋友。不會因著時間與距離的阻隔逐漸轉淡，「淺交的關係」依然可以一直在臉書上有所聯繫，而且，透過彼此在臉書社群的互動，還因此間接認識他們的朋友，而他們的朋友反而常成為我意外的幫助與祝福；或許，你也有類似的經驗，就是在共同朋友

裡，延伸出其他社交「關係」網絡，因認識間接的朋友而擦出更多幸運的火花。有人在老朋友的朋友裡，幸運的找到人生的另一半；有人則因為昔日同學關係，找到了更好的工作；有人也因著再次跟老同事密切往來後，成了對方最好的顧客或合作夥伴。

(5) 有時做個「傾聽者」，多觀察也能變成另一種好關係

我創立了四家公司，公司員工有七十多人，為了讓我便於掌握每一位同仁的近況、適時的關心同事，我建立了專屬的「同事」群組，三不五時透過這個臉書群組，知悉同仁的臉書動態，我的原則是多觀察、多傾聽他們的心聲，需要幫助的時候再適時出手，這是讓我與同仁們在臉書上一直有很好「熱絡關係」的主因。

臉書，確實可以成為最佳動態人脈管理的視窗，但切勿當成主管掌控員工的監視器，懂得善加利用才會成為與同事之間關係熱絡、提升團隊士氣的社交關係催化器。

(6) 常做「給予者」，自然會擴大你的人際圈

我有一位認識多年的顧客，他在工作多年後，想要報考某知名大學的EMBA，於是在臉書上傳了封私訊，希望我可以成為他的推薦人。這位顧客本身就非常優秀，我二話不說、幫他寫了封推薦函。兩年後，這位要好的顧客順利畢業，我們在某個宴會場合再次相遇，相談甚歡、欲罷不能，會後他馬上安排了一個約，推薦一位他在EMBA的好友跟我認識，結果我跟這位間接認識的

朋友竟然成為工作上緊密合作的好夥伴。

這故事還沒結束，後來我因為這位輾轉透過推薦認識的朋友，在臉書上又彼此互為引薦介紹其他好友，開展出我全新的社交人脈。由此可見，珍惜你的工作夥伴或顧客朋友，你可以在個人臉書上建立一個專屬他們的群組，不只是方便跟他們聯繫，也易於維繫彼此在臉書社群上互動的溫度。

步驟三：虛擬串聯、實體交往，成為社交樞紐價更高

網路上的社群交往行為是永遠無法取代線下實體社群、面對面的交往關係。可以試著把自己化身成關鍵的社交中心（Hub），讓原本的泛泛之交、「弱連結」人脈圈的朋友，「有意思」地群聚在一起，這會有助於提高你個人社群影響力的「身價」。

二〇一三年十二月，我在臉書上發起「商戰經理人讀書會」的活動，一個晚上就湧進近一百位朋友搶著報名。為了確保讀書會的活動品質與建立深厚的友誼，我設定每一屆成員以不超過二十人為限，每月實體聚會一次，平日用LINE或臉書交流維繫，以一年為一期、總共十二次，每一次的聚會都會以一本成員推薦的商業書為主題，以面對面分享交流的方式進行。為了提高「資訊交流」更富啟發性與創造力，我特意篩選出二十位不同領域的優秀人士共聚一起，成員涵蓋獸醫、飯店老闆、資深媒體記者、創投、網路創業家、上市櫃生技公司執行長、酒吧老闆、設計師、進口貿易商……等。

由於每一位參加者各擁有的知識與經驗大不同，聚焦在一本書上共同討論分享時，經常會產生「有價值」的獨特觀點。一年後，這個讀書會成員所產出的成果，遠遠超過我所預料及能想像。讀書會的成員們在一年內從互信轉化成互助、互利，有幾位成員合夥開了新公司，有人透過彼此再轉介好友，成交了好幾筆生意，有人則是在工作上受到許多啟發及激勵、成就更上一層樓，還有人找到更好的人生方向與職涯新出路。

試著回想，我們相聚的開始，只是單純因我在臉書發文進而成立讀書會，串聯起一群互不相識卻充滿故事的各領域專業人士，經過一年的線上互動、線下深交的洗禮，擦出許多意想不到火花。

一年後，為了讓這美好經驗持續滾動，我設定讓每一位成員推薦一位值得認識的朋友參加第二屆，讓每一個人都能成為人際網路的hub（樞紐）。你若知道，一位你深思熟慮所推薦的朋友，因著你的介紹在某一個社交場合上認識了另一個朋友，後來自然衍生成工作上或生活上的良師益友，甚至一起創業、成了同事，那將會使你在連結人脈的組成上，變成友人一輩子難忘的貴人，而後所創造出的成果更往往是你始料未及。因此，請大膽地扮演社交重要樞紐，成為社群裡給予、串聯、創造者，如此將不斷地滾動你的人脈，幸運自然會常與你自然相隨。

Must Note

提高個人社群影響力「身價」之道

請大膽扮演社交重要樞紐，成為社群裡給予、串聯、創造者，如此將不斷滾動你的人脈，幸運自然會常與你自然相隨。

成爲有影響力的社交「樞紐」

一位時常樂於給予或牽線的人，絕對是受歡迎的社群關鍵樞紐。若想要成為別人的「貴人」，首先必須樂於創造「被利用的價值」、貢獻自己的人脈。

成功的社群意見領袖

如果想要成為充滿影響力社交的「樞紐」（Hub），讓一群人願意緊緊跟隨你，能一呼百應，有群眾號召力的「成功社群意見領袖」，往往具有專業度高、識別度高、快樂易交朋友的性格、樂於給予、充滿故事等五種特質，以下分項描述。

一、成為夠專業的人：吸引一樣專業的人交往

專業，不是你在從事什麼行業？而是你所擁有的專業能幫助別人什麼？你在該領域具有十

足的影響力？有被業界推崇的戰功嗎？現在是社群口碑的時代，你的專業評價也會在同業社群間流傳。一位沒有專業的人，較難吸引人成為深入交往的朋友。專業的人是在工作或特定領域上有傑出表現，受到多數人肯定的人。這些具專業特質的人，如果活躍在社交網絡，更容易讓人想接近、產生人脈連結。我很建議，剛踏入社會的年輕人，先證明或建立自己的專業，這是個人在工作上品牌的展現，當你專業逐漸養成後，會容易吸引一批跟你一樣專業的人與你交往。

二、建立識別度高的人：樹立個人品牌社群形象

你的個人品牌是什麼？絕對不是一張名片，也不是你的長相。你在臉書上經常分享、常談論的人事物、常相聚的社交朋友都會一點一滴建立起別人對你的印象。這是社群時代，一個個人品牌識別度建立的重要來源！因此，別經常在臉書上抱怨老闆、同事與朋友，或頻繁對生活發牢騷或習慣酸別人，別因為一時的不吐不快，讓人對你個人充滿負面觀感。另外，與其在臉書上自言自語、文字抒發缺乏觀點，不如培養自己言之有物，對特定議題發表有獨到見解的短文，如果能將臉書上經常發表的言論與轉貼的文章，跟自己專業或興趣加以連結，長久累積下來，你將會建立起良好、受人尊敬，且識別度高的個人社群品牌形象。

三、快樂的人易於交朋友：成功人士必備的特質

你給別人的第一印象是「積極」、「正向」的嗎？你為別人帶來的是快樂、歡笑較多？還是

悲傷、負面居多？一位成功的社群意見領袖，習慣在臉書上分享自己與別人開心的經驗，喜歡傳遞正向與具備同理心的文章，更樂於在社交上幫助別人。試著想想，自己的個人社交品牌是否具備「快樂」這個元素？如果你具備鮮明的快樂特質，你在臉書社群結交的朋友，就易吸引一群也是充滿陽光的朋友。事實上，這也是成功人士多數必備的特質。

四、樂於給予與做牽線的人：創造「共好」，產生美妙、雙贏、互利的結果

你是否是一位經常創造「共好」的人？你經歷過把兩位原本互不相識的人湊合在一起，產生美妙、雙贏、互利的結果嗎？一位時常樂於給予或牽線的人，絕對是受歡迎的社群關鍵樞紐。若要成為別人的「貴人」，首先必須樂於創造「被利用的價值」、貢獻自己的人脈，雖然得花上你一點時間。我常安排飯局牽線，讓兩位原本不熟識的朋友湊合在一起，這兩位朋友，絕對是我長時間觀察後，認為不僅相識會契合、成為好友，日後還有極高的機會在事業上自然地彼此互助。

在我的經驗裡，「貴人」總是出現在「弱連結」裡，這種例子多不勝數。例如：我很多的事業合夥人，幾乎都是經過朋友介紹而後熟識，進而發現彼此志同道合，又在專業能力上互補性高之下、決定一起打拚，而我最大的客戶，也都是經過朋友推薦，而非我主動敲門拜訪而來。

更多時候，常給予我新知識、新靈感或事業上的啟發，也是來自於我「朋友的朋友」。事實

上，個人臉書在公開的環境裡，創造廣泛的社群人際關係，如果你夠用心經營，容易營造出「弱連結」的人脈價值延展。因為，臉書上會自動將兩者原本認識或不認識的「共同朋友」標記出來，你可以輕易從不同朋友圈中，再串聯出新的社交圈。相反地，LINE即時通訊、社交軟體的幫助，則比較在於維繫「強連結」的人脈關係。因為，只有熟識、信任的人，你才比較願意進入你的LINE名單。在人際關係上，你若懂得將臉書與LINE巧妙搭配運用，不僅能輕易做人脈的建立、串連與維繫，也會讓你的社群人脈圈愈滾愈大，創造出許多意想不到的價值與個人社群影響力，這將會帶給你在事業、生活甚至家庭上許多便利與好處。

五、做個充滿故事的人：容易在社群圈裡散發出獨特、吸引人的個人魅力

你是一位有故事的人嗎？如何讓第一次見面的朋友，對你印象深刻？倘若你能在短時間內說出一個有關自己引人入勝、像一場觸動人心電影般一樣的故事，那麼絕對有助於產生交集、找到話題，甚至對方因你獲得啟發，而之後彼此再次聯繫的機會自然大增。一個充滿故事的人，容易在社群圈裡散發出獨特、吸引人的個人魅力。

我喜歡聽真實故事，也明白有故事的人又懂得說出來跟別人分享的好處。於是我每個月邀請一～二位人生有著傳奇故事的朋友，來我公司向同仁做一場故事性演講。兩年來，我聽了至少五十位朋友的故事，從中不僅獲取到經驗與啟發，同時，因著一個人帶出一個好故事，也讓我與他們產生更強、更生動的人際關係連結。

後來，我覺得只是坐在台下「聽故事」不過癮，應該創造一個舞台讓同仁上台去「說自己的故事」，因為我相信人與人關係的連結，除了蘊藏著情感、資訊交流之外，更重要的是，若能透過一個撼動人心的故事，讓彼此成為良師益友，不僅讓對方對你留下深刻記憶，還可能受到你故事的影響，人生變得更好。那不就是人與人相處最棒的關係所在嗎？

一年多來，我聽了許多同仁的個人故事，有人說他是如何完成超級三鐵二百二十六公里的挑戰，在練習過程中獲得了什麼樣的人生啟示；有的人則是暢談，如何用不到一萬元台幣，自行完成騎摩托車環台之旅的夢想；還有同事分享如何做一位背包客，計劃一趟看極光的冒險旅程。這些故事不僅幫助我更了解工作夥伴另一個層面，也讓我們關係變得更加有趣、增添許多新的意義。

下次當你要介紹自己時，請試著說一段有關自己的故事吧！這會讓你變得令人感興趣，同時，也容易在團體中脫穎而出、成為亮點。另一個伴隨而來的價值，就是你引人入勝的個人故事，也會成為別人介紹你時最好的連結強化劑、口碑或話題。因此，請努力試著做一位充滿故事又懂得說故事的人，這肯定會幫你引來美好的人際關係。現在就開始，用故事讓你的人脈滾出更多好機會、更多好運氣吧！

Must Think

你是一位有故事的人嗎？

人都愛聽故事，下次當你要介紹自己時，請試著說一段有關自己的故事吧！這會讓你變得令人感興趣。

3

第三章

「社群媒體」戰略：這樣做，社群才會大成功！

你的社群戰略是什麼？

如果，將社群媒體視為一種資產，社群粉絲含金量的差異，自然產生迥異的功能與價值；而且，就同一群粉絲而言，不同產品搭配不同內容，也會呈現不同價值。因此在經營社群媒體時，必須清楚所贏得與擄獲的粉絲，能帶來什麼價值？

社群戰略：看事情的五個思考層次與核心價值？

你是否有一套社群戰略的思維？對於「如何透過社群獲利」已經有一套清楚的邏輯嗎？還是，僅知道增加粉絲、提高互動數等入門的社群經營指標，一味且盲目地經營社群，完全忽略了掌握社群戰略核心思維才是真正能幫助企業獲得巨大回饋的主軸。

國際管理大師彼得・聖吉（Peter M. Senge）提到看事情的思考系統，其實正好也適用於社群經營上，也就是說可以用事件、模式、結構、心態、願景等五個層次來深思社群的致勝戰略（見表3-1）。

表3-1 社群戰略的五個層次思考（一）

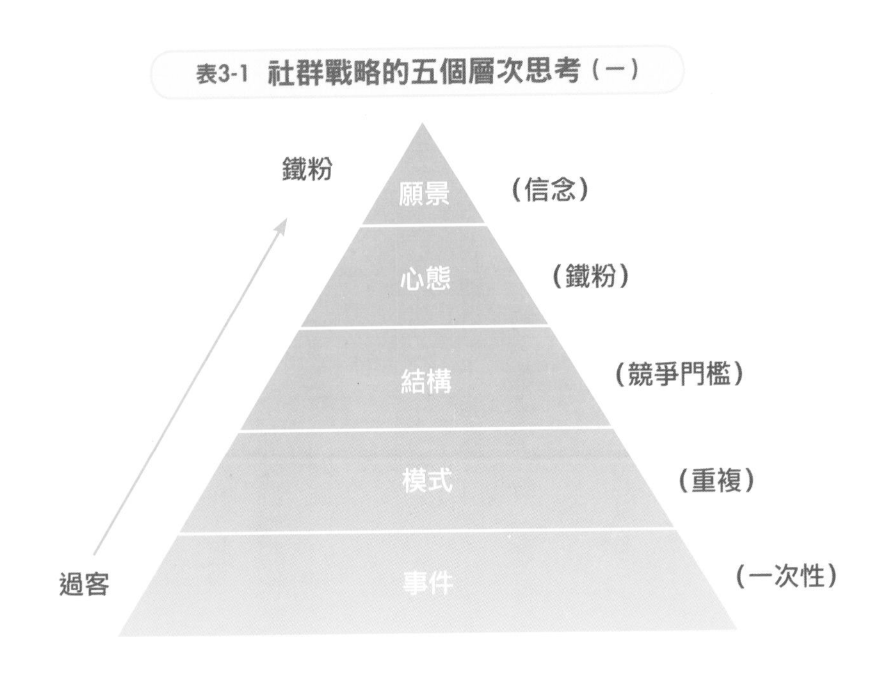

若能將這五個社群戰略的思考法徹底活用於社群或自媒體經營上，便足以深入探究每一個執行環節與背後的深層原因，除此之外，更重要的是可以避免偏離社群經營的初衷與願景。我將這五個思考層次應該如何運用在社群經營，分項詳述說明如下：

一、事件（Event）

最初階、基礎的層次莫過於「事件」了，這指的是一項非計畫性、僅一次性、沒有前因後果，且未必會再發生的事情。舉例來說，若今天突然心血來潮想推出一個社群抽獎活動來提升社群的粉絲數，或隨意轉貼與社群主題無關的好笑、有趣文章；以上兩種都屬於未經過計畫的一次性事件之社群運作方式，正是大部分的社群經營者常犯的錯。

所以，你必須提升思考層次，從單一的「事件」，發展到完整一套有意義的社群經營「模式」。試想，如果一份報紙，主軸經常變換、定位不清楚，甚至沒有準時發行，你會成為這報紙的忠實訂戶嗎？

二、模式（Pattern）

比事件高一個層次的是「模式」。假設，你經營的是媽媽社群，每一天會提供三篇有關親子議題的文章，每週六還會固定為社群媽媽粉絲舉辦一場親子專題講座，同時將講座的精彩內容整理成簡報放在社群上，讓成員之間彼此的關係更加緊密並達到持續宣傳的效果，這就是你營造出來的社群「模式」。

如果說，一次性的「事件」要做的是創造好口碑，你要做的就是放大細節，將細節做到極致、做到令人嘖嘖稱奇，才能贏得口碑。一套好的「模式」就是你要設法發展成持續性的獲利模式，想辦法讓模式中的「翻桌率」與「含金量的用戶數」提高，創造物超所值的營運模式，才會變成你一門好生意。

記住，產生模式並不難，重點是透過一連串重複事件所打造的模式行為，是否能與你的品牌產生相關性聯想，進而建立一個清楚的品牌識別。同時，透過社群口碑快速傳播的力量，幫助再舉辦重複的事件，擴大該模式的影響力。

如果你清楚社群經營應先做粉絲的忠誠度，再做產品知名度，就不會只是舉辦一場大型記者會，只為了吸引媒體記者報導，僅提高產品在市場上的知名度；熟稔社群經營者，一定是精心設計一連串的中長期社群活動，快速建立一批忠實的粉絲，來達到深厚的用戶關係。

三、結構（Structure）

「結構」指的是令「模式」不斷發生、整體性的、系統化的原因。為了讓模式持續進行成為一套強而有力的結構，你可以從一開始的系統化主題講座、建立講師群，並且把舉辦講座的過程做一套完整的報導、即時上傳到社群。假如以經營媽媽社群來說，就可以提供無法參加的潛在媽媽客群參考，都是因為你清楚，透過即時的報導互動，讓這結構更加扎實具整體性，吸引更多目標客戶上門。

因此，不妨設定了一年目標，持續企劃一系列有關「媽媽幼兒的文章與影片」，讓未來只要上網搜尋相關議題的關鍵字，都能輕易的找到你們的社群或網站，讓來過你社群的人，想要加入你的社群。請記住，唯有找到影響「結構」核心的關鍵源頭，才能真正打造你在該行業的競爭門檻，若想要門檻愈高愈強大，就必須將影響結構的深層因素跟獲利模式、核心能力做到有效的連結。強而有力的「結構」，就像打造了一個「賺錢系統」或制定「新的遊戲規則」一樣，會令你在市場上具有競爭力。

事實上，小米科技執行長雷軍縱橫網路七字心法：「專注、極致、口碑、快！」就是打造網路競爭門檻最佳的「結構」途徑。譬如現任誠致教育基金會專案教師呂冠緯，年僅二十六歲的他，畢業於台大醫學系，考上醫師執照後並沒有從醫，反而選擇在網路教授高中理科。他所創辦台灣版的可汗學院「均一教育平台」，在短短半年內，就快速錄製了數學、物理、化學、生物等四門科目，超過八百五十支的電子黑板教學影片，瀏覽人次突破二十三萬，用戶從學生到老師都有。「均一教育」平台因著專注、快速，贏得大量用戶的口碑，也創造了一種新型線上教學生態結構的可能！

四、心態（Mental Model）

當事人對於事件、模式、結構的態度、看法和信念，就是「心態」。例如：你做的一連串的社群事件、模式與系統結構，會逐漸培養出一批忠實的粉絲。這時，不只要滿足這群「鐵粉」的基本需求，還要提供令人驚喜的社群服務，讓他們願意緊緊跟隨你，原因無他，就是必須讓粉絲們對你的品牌有高度的共識與信念。

「想辦法取悅好用戶」、「超越用戶的預期」即是令社群用戶變成死忠鐵粉的致勝關鍵！想要贏得用戶的心，勢必要投入金錢或心力來贏得用戶的感動，你也許會懷疑這樣的投資是否值得？以Zappos用感動服務贏得全美第一網路鞋店頭銜為例，其成功關鍵不只是花大筆資金搞定顧客購物時的每一個消費需求與細節，當中，該如何建立共同的「心態」，讓Zappos全體員工由上到下，都想傳達給顧客感動體驗的高度文化使命，才是成敗的關鍵。

是的，透過服務創造驚喜和感動，有時需要付出昂貴的服務成本。美國的Zappos官網上寫承諾四天送到，往往第二天就可送到，附加的驚喜服務還有：你買一雙鞋，它們送來三雙鞋任你挑選。以完全超出用戶的預期，來創造了許多用戶主動在個人臉書或社群上為Zappos傳揚口碑，正因如此，當企業懂得將超高水準的服務結合社群經營，積極提高用戶預期時，將會使競爭對手難以跨越。長期而言，更因用戶心態的改變與願意追隨、緊密連結，勢必可降低廣告行銷成本，達到不容易被競爭對手超越的價值門檻。

當然，你也可以不花大錢，只需要在小細節上做出貼心的服務，例如：小米在口碑下了功夫，當顧客收到小米機時，盒內多寄了一張卡片，上面寫著：「感謝你當初的支持，才有今天的小米。」這個小舉動讓許多小米粉絲在微博上大量分享轉發，廣傳成為了話題。

記住，你一切的社群活動務必從用戶「心態」著手深耕，只要創造超乎原本的預期，勢必能擄獲粉絲的心！

五、願景（Vision）

「願景」在社群戰略的思維上，指的即是當事人配合了以上所述的「心態」，更進一步想要採取的行動、達到的目標、看到的成果。事實上，透過忠誠粉絲的積極參與，不斷強化品牌能見度與社群實力以累積足夠粉絲量後，使得粉絲文化與你的品牌文化有了一致性的高度，販賣符合信念的產品就不再是問題了。創造一個人人願意追隨信仰、認同的願景，你必須從原本一個屬於自己的企業故事，創造讓更多人一起加入為你說故事的行列、更多目標族群與你產生故事漣漪，讓你的故事更具影響力！

願景：從一個故事，變成N個人＋N個故事＝信念影響力

例如：全球最精彩的TED十八分鐘演講，成立的初衷就是相信「優秀的思想可以改變人們對這個世界的看法，使人們反思自己的行為。」TED規定必須用十八分鐘甚至更少的三分鐘，來進行一場毫無冷場又能醍醐灌頂的演講。這樣的

表3-2　社群戰略的五個層次思考（二）

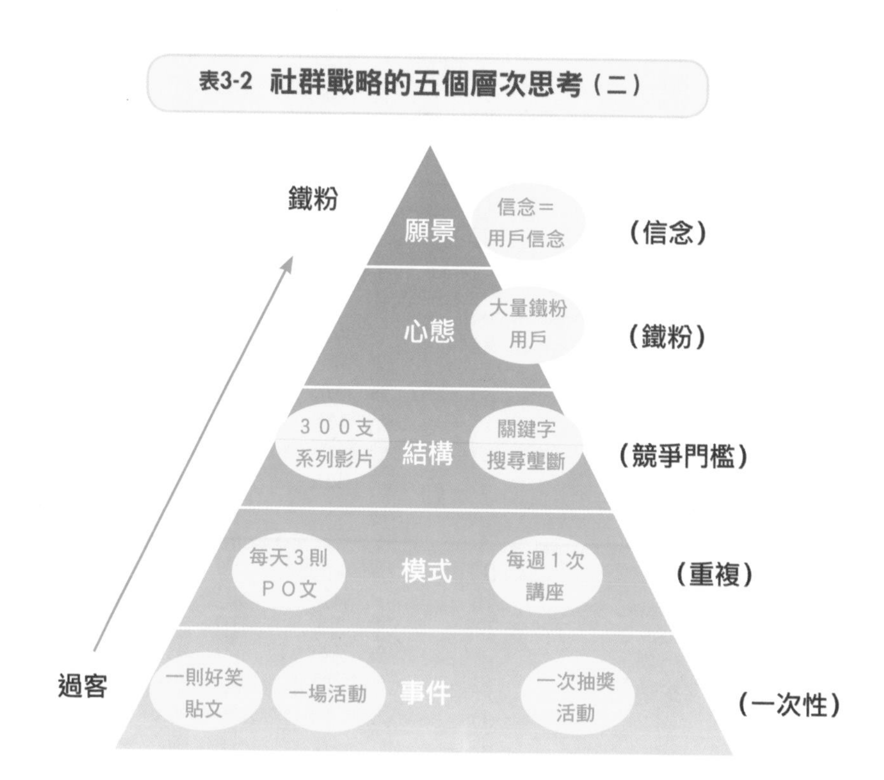

願景與信念，持續在全球各地以各種形式的演講展開，並且提供線上免費瀏覽。

截至二〇一四年十二月為止，TED官方網站已錄製超過一千九百場的演講影片。來自各領域的業界高手無不把能在TED發表演講視為最高榮譽！無疑的，TED絕對是運用社群戰略來傳播信念，讓TED口碑影響力快速擴大的高手！

顯然，你要讓企業有一套清楚的社群戰略思維，應該從制高點的「願景」開始想起、做起。透過社群戰略的路徑，一路從心態、結構、模式、事件一連串的策略活動往下思考，通往你最終的目的地。在這社群經營發展過程中，你得專注培養一群具高度忠誠度的鐵粉一起成長，搭建一套能持續轉動的系統結構，讓結構因著相關的內容、活動或驚喜，讓社群以愈滾愈大的模式進行，就能快速打開你在市場的知名度，也才能真正把產品賣進粉絲心坎裡（見表3-2）。

Must Think

五個思考層次一句訣

事件：一次性
模式：重複
結構：競爭門檻
心態：鐵粉
願景：信念

你經營的方法、設定的目標，對了嗎？

你是否經營臉書社群好一段日子？
雖然累積了不少粉絲人數，卻面臨社群無法帶來實質商業價值、幫助銷售產品的窘境？
究竟，社群戰術為何？

你為什麼要經營社群？

一般人往往只在乎臉書粉絲有多少人，卻會忽略取得粉絲的方法才是最重要的社群根本核心！在社群媒體時代，必須要做到社群粉絲深耕，才能讓社群經營不斷「增值」（提煉有價值或含金量高的顧客）。說穿了，經營社群就是經營自媒體，但為什麼要經營社群？很多人以為經營社群就是做行銷，因此一直無法將社群發揮淋漓盡致，問題出在哪裡呢？

我最常聽到企業經營臉書社群的原因有三種，如果想要解決社群經營成效不佳的根本問題，勢必得先仔細思考這三個關鍵性的根本問題：

表3-3 六項社群戰術

(1) 別人也有做：企業的競爭對手有做，我怎能不做？

(2) 想增加流量：自營的網路購物平台或官網沒有流量，經營臉書可以幫助導流。

(3) 跟流行：消費者都在玩臉書社群，為了抓住消費者的目光必須經營。

這三個項目，確實都是必須經營社群的好理由，但是，若以此出發點來經營社群，不過只是做到反映問題，並非根本性地運用社群幫助企業提升競爭力。然而，該怎麼做才能真正讓經營社群有效提升你的企業競爭力呢？事實上，社群經營就是在贏得以下六件事，而營運這六項社群戰術（方法），也一定是經營社群的根本原因（見表3-3），以下，我各別列出細項說明：

一、做用戶：用戶是社群的起點，從小而精開始。

社群經營的開始，必須先有一批用戶，用戶的起步貴在精而不在多。我建議，從五十人、一百人開始吧！千萬別小看一百位忠實粉絲的力量，很多人不知道，小米MIUI在發佈第一個內測版時，第一批用戶其實只有一百人，這群粉絲卻成了最死忠的推廣先鋒部隊，讓原本沒沒無名的小米從網路上邁向成功。當時，小米為了向這群死忠粉絲致意，甚至把這百名用戶的論壇ID寫在小米開機頁面上。小米經驗告訴大家，當市場的選擇愈來愈多時，並不表示消費者就想要不一樣的東西，而是，尊榮、善待你的客戶，給予超出所求的服務價值，才是做市場、做社群的不變定律。

現在臉書提供了一個免費的平台，讓人不怕找不到用戶，但千萬別亂拉用戶、亂加朋友，因為沒有人喜歡在未受信賴的狀況下被加入社群。經營社群用戶最好的方法是把每一位用戶當成朋友經營，把忠實的用戶當成死黨互動。什麼樣的社群就會吸引什麼樣的朋友加入，懂得先凝聚志同道合的「好粉」，會比一群來去匆匆的過客來得重要。

二、做服務：建立社群用戶關係、服務先行，關係才得以深化。

做服務的方法，最常表現在提供對的好內容上，最直接的反應，則顯現在你跟用戶的互動上。過去，大家認為產品售後才有服務，社群時代你必須試著翻轉這個觀念，在產品還沒售出之前，就應該用服務主動出擊。因為贏得用戶的關係，比任何廣告都來得有效。

三、做口碑：口碑是一切社群推波助瀾的引擎，是網路最強大的行銷利器；是取得顧客、贏得用戶最快的傳播方式。

懂得口碑的人，會善用社群分享的力量；懂得口碑行銷的企業，知道從顧客口中說的影響力，遠比花錢做廣告來得更有說服力。通過社群口碑不斷強化，才能真正壯大你的社群，創造知名度與影響力。

四、做銷售：有了用戶、做了服務、產生了口碑，銷售自然伴隨而生。

我教授過上百家企業做社群口碑行銷，十家有九家把產品銷售視為經營社群的主要目的，所獲得的成效如何？當然不好。因為，多數人在臉書上活動，不是為了買東西而來，大部分社群用戶是從複雜的社交關係中被吸引而來。

當然，「銷售」從頭到尾都是經營社群背後潛藏最重要的隱性議題，但絕對不該作為獲利的起點，而是應該視為終點對待。因此，必須把銷售的路徑稍做調整，一開始先聚焦擁有忠實的用戶，用好的服務建立信任，讓用戶喜歡你、參與你、感受你，甚至主動幫你用口碑宣傳給他的社群朋友，當這模式達到一個良好的循環後，銷售產品將會變得自然而充滿人味。

五、做通路：社群是自媒體，如果你用戶夠黏、夠挺你、夠強大，那就是別人無法取代的社群通路了！

無論線上線下，通路是企業經營最昂貴的成本之一。做社群最棒的是，可以去掉中間經銷商、跳過零售通路，直接面對消費者。試想，一天有多少人光顧你的社群，那是你的人流；一天有多少位顧客跟你互動，那是做服務、口碑的接觸點。而你如何善用巧勁，將銷售與通路融入在社群思維，就有機會成為最佳的一站式社群通路了！

六、做品牌：你做的一切社群行為，其實就是做品牌！

從社群而生的品牌就是因用戶而生，因此，其所提供的產品與服務，都是會令社群粉絲尖叫的。你在社群所產生的一切內容，不僅會強化你的品牌與用戶之間的關係，你所設計的一連串富有創意、幽默、娛樂、驚豔的線上或線下的社群活動，無不讓你的品牌因著社群元素更誘人，因此聚集更強大的粉絲能量！跟過往傳統企業品牌有很大的不同，企業社群化是自己擁有龐大的粉絲簇擁，必須持續性的維繫、昇華互動關係，激起一波又一波口碑漣漪，從而帶動你源源不絕的商機，這就是企業打造高質量的社群品牌精神。

Must Note

做到社群粉絲深耕，提煉有價值或含金量高的顧客

找到你真正的粉絲，絕對是做市場、做社群不變的定律。因為用戶是社群的起點是一切社群經營的根本。尊榮、善待你的客戶，給予超出所求的服務價值，相對的回饋便有機會隨之到來。

3-3

社群爲誰服務？你的社群有什麼理由非上不可？

誰願意加入你？為什麼他們願意加入你？
別讓加入社群的人，只是一個冰冷數字，必須要思考讓社群用戶願意常常關注的原因為何？否則，憑什麼？

5W1H成功開展社群經營計畫

你可能清楚你的產品賣給誰，卻可能不清楚你的社群為誰服務！我忠心建議，善用5W1H的六項分析法（見表3-4），以用戶作為問題思考核心，好成功開展你的社群經營計畫。

理由（WHY）：社群信念！令人渴望加入你的社群的動機與理由

你的社群願景與信念是什麼？與你想賣的產品訴求與初始動機息息相關。你之所以要經營社群，很重要的一個原因是要吸引志同道合者，如果信念不清楚，無法用簡單幾句話表明，那麼

表3-4 社群經營計畫5W1H

社群就缺乏個性，就失去了核心精神！

世界著名且極經典的經營社群者思考案例，莫過於美國迪士尼。迪士尼的願景是成為人們的夢想之都，透過源源不絕的童話故事，讓人在故事中體驗非現實世界的美好，因此，無論是小孩或大人來到迪士尼，都可以感受到夢想和歡愉的實現。在這樣的基礎之下，迪士尼禁止園內任何一個角落出現和童話世界格格不入的景象，因為必須忠於願景，一切以創造歡樂、帶給人們快樂的環境為基調作為軟硬體建構的發想。事實上，你成立社群的出發點，不也如此？若有清楚的信念，必定吸引一群有共同信念（興趣）的人認同你並跟隨你。

假設你組織的是一個「跑步社群」，就必須讓這社群的信念趣味多一點、搞怪多一點、顛覆多一點，再大聲宣告信念，才會因為感到新奇、興奮與驚喜，而吸引人注意。原因是沒有人喜歡加入一個理念平庸、社群相似、無法引起好奇的社群。我的好朋友胡杰組織了一個非常成功的「街頭路跑」社群，就是一個最佳的例子，他在社群成立之初即寫出了信念：

「每週固定一天，一個主題的路跑。社團理念是『街頭路跑是一場微旅行』，旅行最重要是探險與認識新朋友，重點是慢慢跑，張大眼睛探索這座城市。全世界最快樂的跑步方法！今夜讓你快樂到飛起來！」

記住，信念不是憑空而來，信念是結合一連串有共識的行動而產生的。胡杰的街頭路跑社群也是。他將信念化為一個再簡單不過的行動計畫，就是「每週一主題的街頭微旅行」。一般人不僅可以享受跑步的樂趣，同時可以在城市中漫遊，更酷的是可以認識新朋友。胡杰，舉辦的街頭路跑一次打中了忙碌城市人三個願望：運動、旅行、認識新朋友。

這場街頭路跑革命，最初不是從一大群人開始，而是先從兩個人起了頭，每一週重複進行。有意思的是，創辦人胡杰將每一次不同主題的街頭路跑的過程，用影像及文字記錄上傳到臉書社群，持續進行幾週後，先是吸引了幾十位臉書好友加入，這一小群人在偶然一次參加了街頭路跑後，從原本陌生的朋友關係轉變成新朋友，另一方面也成為這個社群的真正粉絲，更是街頭路跑社群的追隨者、信仰者。

接下來有關「街頭路跑」的各式連結,被這一小群粉絲從社群強力擴散,這場運動就像滾雪球般的被快速擴展,吸引了更多支持者一起參與「街頭路跑」的街頭微旅行活動。原本看似微不足道的街頭運動,變成一場上千人粉絲的街頭路跑革命;原本一場街頭微旅行,連結了一群又一群原本不認識卻有志一同的人。

社群,形成一場運動。快速往外擴張的起因都是從一小群「鐵粉」開始,絕對不是如想像中一定得累積龐大社群人數才行。鐵粉們熱情主動地向朋友傳達社群的信念,強度足以串起更多成員加入,擴大了粉絲的連

表3-5 如何產生強大的社群信念

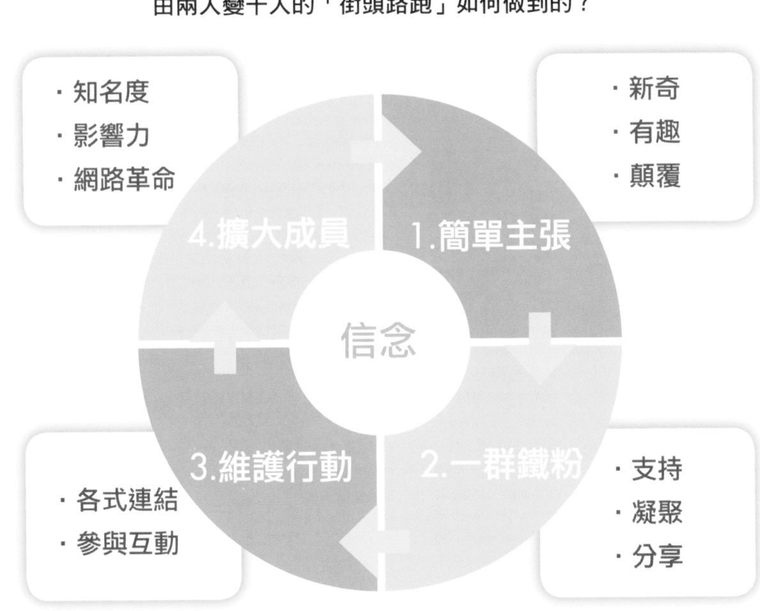

結圈，就此打開了知名度（見表3-5）。

對象（WHO）：從小眾市場起步，更容易成功！

許多企業老闆在經營社群時，最常發生的一個致命錯誤，就是起步時就把自己社群搞太大，大到自己都不清楚加入的人是誰。產品的目標對象與社群變得不一致。當然，社群自然發揮不了應有的影響力。

在資金、資源、人力都有限的情況下，從小眾開始經營社群，絕對是最佳的路徑。集結一群有共同興趣的小規模粉絲，不僅更容易傾聽、凝聚這群人，同時更易滿足所需。請謹記，小眾事實上不小，只要仔細將鎖定的目標對象加以細分化，就會發現討好一小群人比討好每個人來得更容易。

打造一個社群，先聚集一千位愛買名牌包的女性，每一位粉絲的購買行為會比只是愛買包的廣大女性族群更來得清楚。

打造一個社群，讓愛葡萄酒的人群聚，每週舉辦一次社群品酒會，出席的成員都必須帶一瓶自己喜歡的葡萄酒與同好一起交流酒經，以此方式，社群凝聚力肯定比起只是張貼葡萄酒資訊的社群來得大。

打造一個社群，僅限擔任企業主管的經理人才能參與，精心設計每月一次社團交流聚會的主題，持續經營一年累積五百位經理人，勢必會帶來意想不到的成果！

打造一個社群，鎖定假日喜歡攜家帶眷去露營的社群成員，就先從十個家庭著手，別擔心太小難成就大事，你必須先靠著深耕一群高支持度的熱情粉絲開始，才能壯大社群，甚至發展成為一門專為露營人士服務的好生意！

打造一個社群，專門幫助想要在網路上開店創業的人，定期舉辦創業者交流聚會，試著提供更多能解決創業者問題的好服務，例如：人才媒合、主題講座、製造合作契機……等，持續經營，將會是一個很棒的社群！

打造一個社群，鎖定一群重度的跑者，用跑步週期來區分。勇敢捨棄輕度跑者，擁抱中度或重度的跑者來深耕，你才

表3-6 社群用戶經營

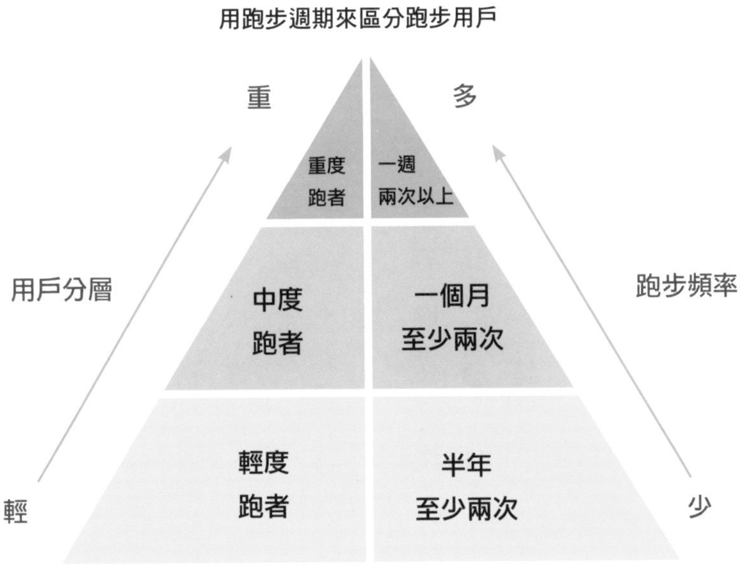

能提供更精準的服務，社群上的對話與交流才能更聚焦。這就像，職業跑者不會只是想跟業餘跑者持續打交道，他們想要持續精進，這正是你將他們匯聚在同一個社群的原因（見表3-6）。

別覺得你的社群太小，從小眾社群出發，不僅可以避開大品牌、大眾市場的激烈，對於新進競爭者的你來說也更容易切入，更快速的創造一門好生意！目標對象清楚會讓你更方便掌握他們的需求，更懂得領導跟隨你的人朝信念前進。從一到一千，你要做的是把一群對的人先聚在一起，做一些大家有興趣、符合社群理念的事。反覆去讓這些小眾裡發生的小事、活動、互動做得更好，持續做對了，同好的連結從一千人繁衍到二萬人的速度就會變得非常快，當它養成了十萬人（十萬用戶），勢必造就一股不能小覷的社群力量。它，就會變身成一門大生意。

內容（WHAT）：讓社群用戶會想持續關注的內容

誰願意加入你？為什麼他們願意加入你？你又能為他們提供什麼內容、解決什麼問題？創造什麼價值呢？別讓加入社群的人，只是一個冰冷數字，必須要思考讓社群用戶願意常常關注你的原因？所以，必須要有一套社群內容營運模式，讓大家願意頻繁的回來走訪。千萬更別小看每一個發佈出去的內容，這些都可能跟你的社群用戶產生關係、激起漣漪。

這時，經營社群的內容成為必要的任務，務求做到讓社群用戶會想持續關注，至於好的社群內容，則常存在三個基本元素：有趣、受用、情感。以下，根據此三大項目舉例分析：

(1) 有趣的內容，容易帶來按讚次數。

假如你經營的是一個學習社群，不要只單純提供一篇知識性的文章，最好能結合時勢、有趣的議題，讓內容不僅有料、有趣，也更易吸引人按讚。

(2) 受用的內容，容易產生分享數。

如果你經營的是與健康有關的社群，提供一篇有關醫生建議預防癌症的文章之餘，若能再設計一張簡單可愛的文章重點圖說，效果肯定會更好！

(3) 有感情的內容，容易產生互動數。

假設你經營的是親子社群，提供自身經驗的故事見證，絕對比一般資訊的轉載更容易引發互動。

事實上，這一切社群內容的作為，最好都要帶著「溫度」去經營。例如：轉貼一篇跟你社群主題有關的文章，請記得同時寫下自己深刻的觀點，因為帶著人的溫度會讓人在讀這篇文章時格外有味道

表3-7 好社群內容的基本三元素

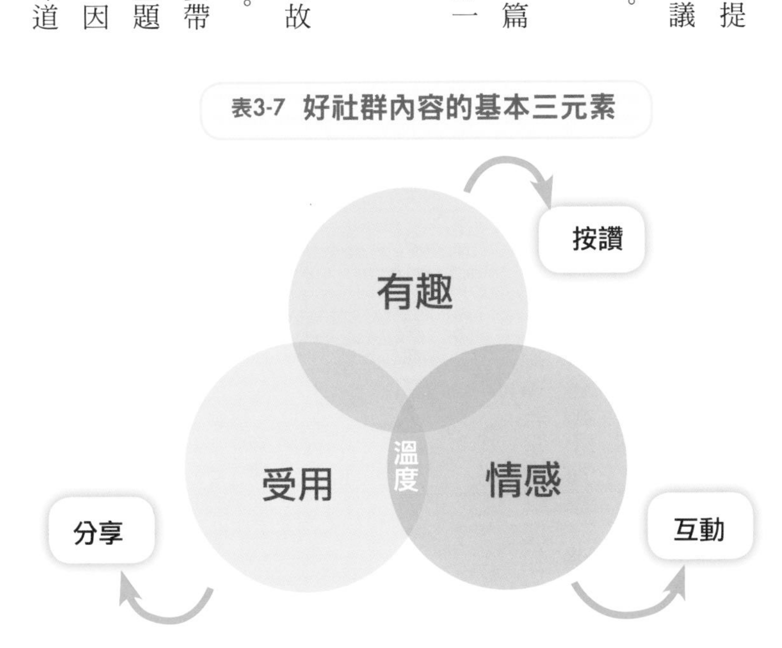

且更易引起共鳴，這正是讓社群用戶持續關注內容最關鍵的核心：人的溫度（見表3-7）。

當然，若你不知道創造好的社群內容從何著手？不妨從內容一致性、專業實用有趣、貼近消費者與簡單化、視覺化等四個層面，提出改善方針，即可讓社群的內容經營更成功！（見表3-8）

(1) 內容一致性，主題不偏離：

請謹記，每一次社群的發文要切合社群經營的主題，同時也要常問自己發文的內容與目標受眾是否契合？例如：我的企業經營了一個擁有五萬人的電子商務學習社群，成立一年來，堅持不發不相關主題的文章。或許，偶爾一篇不相關的搞笑文會吸引另一群陌生用戶按讚加入，但那絕不是我要服務的成員。

主題、受眾、內容的一致性，是你之所以獲得社群成員信賴，與引起興趣加入的動機，若吸引的是過客、散戶，不是真正認同你的同好者，終究不會成為真正的忠實顧客。

(2) 內容專業實用又有趣，易被分享或按讚：

社群專業性的建立，不只讓社群關係更緊密，還扮演著為社群用戶在特定議題上解惑，強化了向心力。例如：台灣知名的社群iFit愛瘦身，每日持續提供專業又有趣的瘦身、愛美、營養的知識，設計可愛的圖解搭配文章，一旦社群信賴關係建立後，用戶們很自然的喜歡在社群上發問，以求快速獲得解答，連帶的分享數、按讚數、留言數自然會增長。

一般來說，專業的社群內容需要很長一段時間才能被大量累積，想做到不讓社群成員遺忘，最好方法就是集中內容火力，聚焦在一個施力點並做到極致。例如：iCook愛料理從一開始不到一百人主動分享食譜，到如今聚集上萬篇食譜相關文章，內容從精到量的極致化持續性過程，創造了iCook在料理食譜社群圈，一呼百應的力量。

(3) 內容貼近消費者，獲得廣大迴響：

我們身處資訊爆炸的時代，消費者每天要接觸的訊息量難以想像的多，若想要貼近目標受眾、獲得關注，最好的方式是融合時下情境，提供同理化、生活化、時勢化的社群內容。別放過特定節慶、新聞議題、流行話題與你的社群做巧妙的內容搭配，借力使力絕對會讓社群成員更易獲得更多共鳴，擴大社群聲量。

(4) 內容力求簡單化、視覺化：

行動手滑時代，人們的注意力分秒必爭，若想

表3-8 什麼是社群內容力？

內容一致性	專業實用/有趣	貼近消費者	簡單化視覺化
主題一致嗎？	分享數	同理化	吸睛化
受眾清楚嗎？	按讚數	生活化	圖像化
內容吻合嗎？	留言數	時勢化	生動化

抓住用戶的眼球，只有製作吸睛、生動的圖像，才更易引起用戶關注。現在，想做好社群經營已經沒這麼容易，其中有一個最主要的原因是類似社群實在太多了，若不花點功夫在內容製作設計上，很難令社群用戶眼睛為之一亮。所以，人們喜歡把複雜變簡單的資訊，任何事件發生後，網路上製作的懶人包或影片受到極大歡迎；將一本兩百多頁的書濃縮成二十頁的圖文並茂簡報，讓人瀏覽不費功夫，還能快速被人瞬間廣傳、分享，更容易在社群網路上瘋傳。

社群內容的真正價值在於被大量轉寄，若你能持續又快速地提供大量、極致化的內容，把複雜資訊變簡單有益，那麼你的社群肯定備受粉絲歡迎。

場所（WHERE）：掌握用戶線上與線下的行為

你清楚目標受眾、目標顧客與經常活動的場所嗎？請務必同時掌握線上及線下社群成員的活躍習性及場所，這將會對你的社群經營有極大的幫助，以下分別說明之（見表3-9）。

(1) 線上場所：

你想拉攏的目標顧客，目前活躍在哪些線上社群？請先加入他們網路群聚地，想辦法先打成一片成為朋友，才會知道內在需求是不是正是你的社群所能滿足的。例如：你若經營的是婦幼商品，不應只是加入相關親子、媽媽社群，還要投入這些社群活動，才能真正掌握他們的使用習性。因為你不只是參與幾個大的媽媽社群，更要積極發掘一些小而封閉卻關係緊密的媽媽社群，試著了解這群人的活動方式，才能洞察到她們的痛點，為她們提供解決方法。

(2) 線下場所：

你的目標顧客在線下是如何活動的呢？他們有加入哪些線下社群組織？他們在哪裡才活躍並感到自在？別只是知道線上社群在做什麼或在哪裡活動？線下實體接觸與深入了解習慣、喜好，絕對會對他們有更深刻的掌握。例如：你賣的是運動用品，你該經常去籃球場、網球場、操場，參加路跑、馬拉松等活動，線下實地去參與活動，知道圈內人的真實語言，掌握線下體驗情境。

三年前，我在網路上賣運動襪與運動機能衣物的公司，為了更直接貼近這群使用者、討好顧客，公司團隊每週都會到各地舉辦路跑的賽場擺攤，面對面接觸這群愛運動的人、直接真實地感受他們，也讓他們認識企業理念、產

表3-9 掌握用戶線上與線下的行為

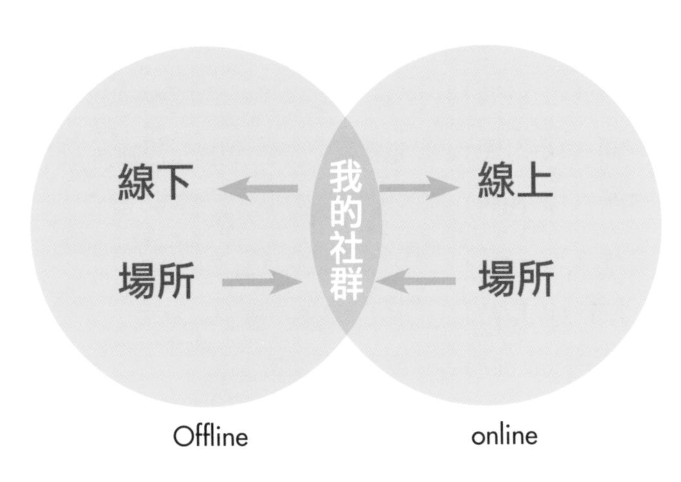

品訴求；更重要的是蒐集各種聲音，做為改進產品、直接反饋的模式。持續一段時間之後，這群跑者不僅成為產品愛用者，還更成了忠實的線上社群粉絲。

事實上，有些高單價或有較高理念的產品，更需要下功夫經營線下社群，原因是這反而會幫你帶動線上社群、經營得更成功。別忽視線下導引到線上所帶來的社群能量，這群人，往往是最能夠以行動實際支持的一群粉絲。

時間（WHEN）：社群發佈訊息的最佳時間

經營社群時，透過臉書社群的管理後台資訊，可以掌握社群粉絲們活躍的時間分佈，以利決定臉書發文的最有效時間。何時跟臉書做更密切的互動？我建議可以將一天畫分成凌晨、早上出門、上午、午休、下午、晚間、就寢等七個時段，深入研究每一個時段區間，臉書使用者在社

表3-10　一般社群使用活躍時間分佈

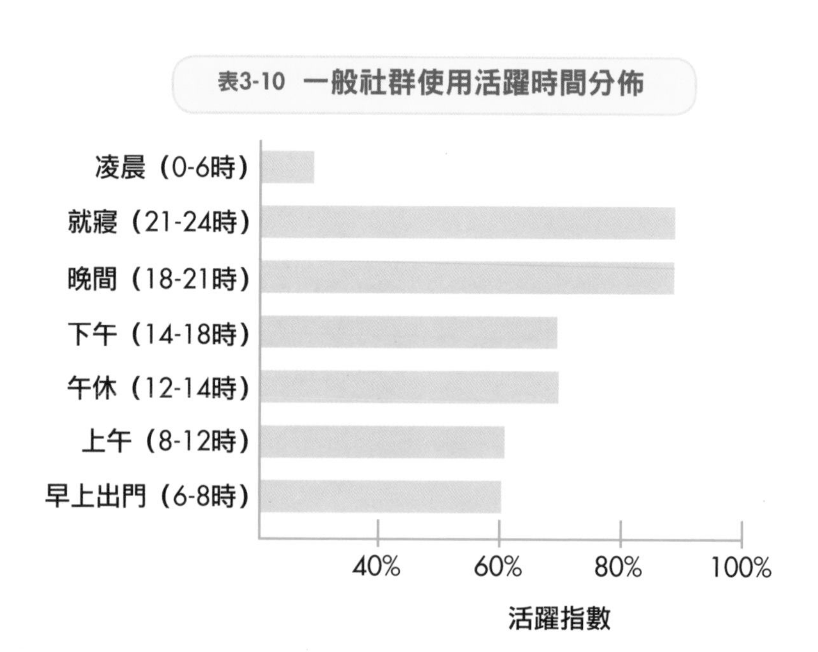

群上的行為。以下幾點關於一般臉書社群發文時間的建議，可提供你做分析時參考（見表3-10）。

(1) 發文最有效的時間：晚上九點到凌晨零點

根據臉書的官方統計，中午十二點開始到晚上就寢的凌晨零點都是社群粉絲活躍度較高的時間。晚上六點到凌晨零點是最活躍的時段，其中，晚上九點到凌晨零點則是到達了活躍度巔峰，因此你千萬別錯過在這個時段與社群粉絲互動。

(2) 最昏昏欲睡的時間：凌晨一點到早上八點

凌晨一點到早上八點是大多數臉書社群使用的冰點，不過，冰點並不代表就不需要發文，有時在離峰時間，反而可以測試哪些社群成員有特定習性在這個時間願意跟你互動接觸。這或許是針對特定少數粉絲，做更直接互動接觸的絕佳契機。

(3) 假日與週間大不同：發文比較了解行為

你不能忽略週六、週日的社群使用行為會因休假而改變。特別是非上班時間的假日，使用者對於發佈文章互動的行為，更應該跟一般上班日做一個發文比較。

(4) 使用行為與時間必須同時考量：年輕人行動上網比例高

臉書社群的使用者，已經有愈來愈多人使用行動上網，特別是愈偏向年輕的使用者，使用行動上網進入社群的比例就愈高。你必須將你的目標族群的使用行為與時間同時納入判斷考量。

方法（HOW）：如何踏出成功社群經營的第一步

快速找到第一批支持你的用戶，絕對是成功社群經營的首要目標！因為，用戶是一切的社群根本，也是你轉動網路商業模式最重要的基石。但是，該如何有效開始？建議可從親友支持、意見團推薦、強人推薦、特殊人帶故事與炒話題帶出人，這五種用戶類型著手，以下分項列出（見表3-11）。

(1) 親友支持

平均一個人的臉書約有兩百五十位朋友，親朋好友中勢必有你的目標顧客群，如果你剛開始成立臉書社群，不妨先邀請親友做第一批後援會，從已經跟你產生高度信任關係的這群朋友來開始做目標顧客的篩選，最快也最簡單！他們也許不是長期購買的真正客戶，卻會是第一時間最能展現力挺效益的初期顧客。如果你親友信任關係夠強，還可以透過朋友的朋友轉介互相推薦，來壯大你朋友的裙帶關係，讓他們成為你第一批後援會、支持者與敢於給予忠實回饋的消費者。

(2) 意見圈推薦

你若要快速凝聚一批有效用戶，必須先掌握該領域的意見領袖！試著邀請他成為你的頂級VIP顧客，讓他挺你。一位好的意見領袖，往往會帶來一百位忠實粉絲跟隨並注意到你。你可以在臉書上找到各式各樣的人，同樣的你會找到在群體裡，特別有影響力的人。例如：你是賣高檔服飾的，就應該先了解高檔服飾的意見領袖在哪？你是賣單車的，就要先加入單車社群，親自參與才能真正知道深具影響力的意見領袖是誰？當你熟悉這些意見領袖後，試著先跟他們做朋友，彼此建立良好的關係後，可請這群意見領袖友善推薦更多興趣相投的朋友，加入你的社群。

(3) 強人推薦

網路上有不少深具影響力的意見領袖，他們也許跟你的產品和社群沒有直接的關係，但是跟這些社群強人

表3-11 從五類型找到第一批支持你的用戶

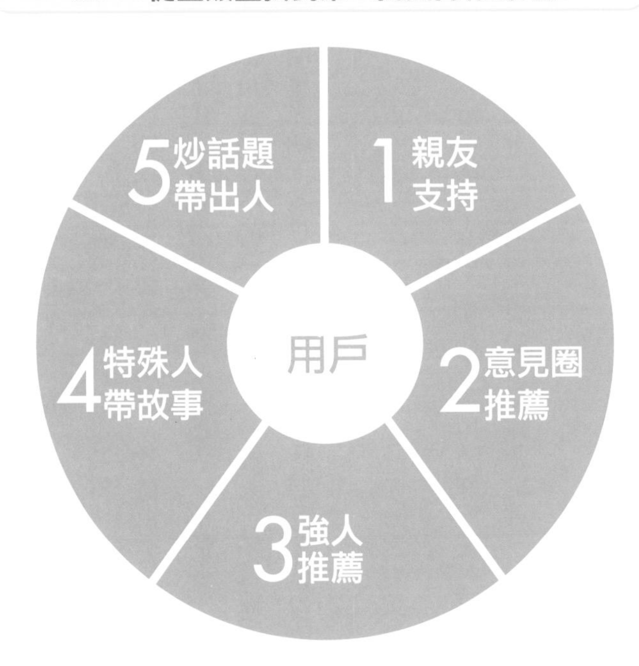

合作，透過他們上千或上萬的粉絲號召力，往往會快速的吸引認同你社群的用戶注意甚至加入！

(4) 特殊人帶故事

吸引人發現你的社群，對早期社群經營者來說非常重要！透過高人氣的「特殊人士」，創造有故事性的話題，確實會吸引不少用戶與創造社群的人氣！試想，如果有一位名人也愛買你的產品，願意向別人推薦你的產品，口碑也將會更容易被傳開。請注意，這裡所謂的特殊人士並不局限於媒體上常報導的明星、藝人，畢竟若真的邀請到他們代言，花費肯定昂貴，效益也不見得如預期。社群媒體崛起，網路上特殊又有影響力的素人，其實包含著某一領域的達人、部落客、專業人士、有故事的人、樂於推薦的人……等，這都可能是你產品最佳的代言人。假設，你是經營餐廳的業者，如果能經常吸引藝人、名人、運動明星光顧，並且發表在所經營的社群上，借力使力會讓你的知名度有加乘功效。

(5) 炒話題帶出人

試著結合時下熱門議題，往往也是吸引用戶加入社群的好方法。例如：運用特殊節慶、時下流行話題，結合社群本身舉辦相關活動，以邀請目標受眾一同參與，只要活動噱頭足夠，又切中社群本身共同嗜好，將有助於提高用戶參與率。

我最喜歡的做法之一，就是策劃一場娛樂效果十足，又能炒熱產品話題的實體活動。線下實體活動會讓你有機會直接面對顧客，真實感受顧客對你產品的各種聲音。一場好的策展活動，不僅可以讓顧客後續更積極參與你的社群活動，如果，這群顧客因此對你的產品有高度認同，將會吸引一群主動願意推薦的熱情推廣者。

Must Note

從小而精開始，經營你的社群

我看過近百個成功社群案例，都是從凝聚一小群人的共識而揭開序幕，絕對不是想像中一群大卻笨重無用、又沒有行動力的龐大社群人數才開始。

3-4 如何做到第一社群媒體的四大關鍵思維？

釐清四個自有社群媒體的主要角色定位與功能訴求，將有助於從個人到企業，快速掌握社群媒體經營的核心之道。

關鍵一：企業定位──官方網站 vs 社群媒體

企業常把成立好的臉書社群當作「官網」（企業成立的自有官方網站）使用，卻無法完全發揮社群媒體的影響力，幫助企業品牌價值提升與拓展新的顧客，這是非常可惜的。如果能夠清楚知道社群媒體不應等同官網，就明白我所說的，官網與社群有著對「用戶」對待上的根本差異（見表 3-12）。

簡單來說，官方網站注重在短期內做出「單向的傳播」，所謂用戶或顧客只能被動接收企業的單方訊息。相反的，社群則關注中長期彼此「雙向互動」的對話。企業可透過社群與用戶頻繁的互動，發現用戶真正需求所在，同時還可邀請用戶參與企業產品、活動的體驗，共同創造對企業與用戶雙方最大的價值！

關鍵二：媒體思維——內容為主的平台VS用戶為主的平台

有一種最常見的情況是企業將社群視為「內容產製平台」，亦即透過各式內容與用戶維繫關係或吸引新用戶加入。實際上，只是單純產製內容在臉書社群上做分享，難以創造企業的實質獲利。你必須圍繞「用戶」為中心來做原創的「內容」，才真能讓用戶成為品牌粉絲，建立更緊密的用戶及顧客關係。換言之，內容只是幫助社群快速傳遞訊息與建立互信模式，而用戶才是最終評斷你企業社群媒體的真正價值。

我見過太多企業將臉書社群以「內容為王」

表3-12 官網 VS 社群的差異

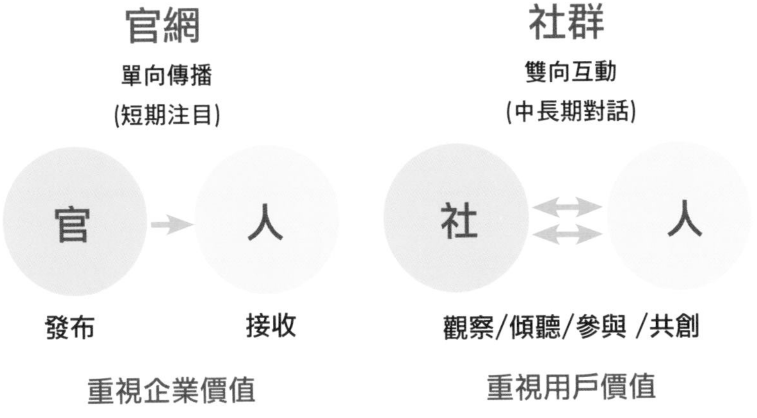

官網	社群
單向傳播 (短期注目)	雙向互動 (中長期對話)
官 → 人	社 ⇄ 人
發布 / 接收	觀察/傾聽/參與 /共創
重視企業價值	重視用戶價值

來經營，快速培養了上萬名的粉絲加入，經營一段時間後才發現這群「表面上的粉絲」，能為企業帶來獲利、行銷或創造商業價值的功能非常有限。原因就出在對社群內容本質的認知錯誤，而忽略了「用戶才是社群的王道」的中心思想。因為，內容只是伴隨社群與用戶互動的一部分，應該還要包括對社群用戶相對應所提供的服務、活動、聯繫……等，才是發揮社群最大力量，以用戶為第一的自媒體思維。

關鍵三：粉絲經營——量大質虛 VS 量小精實

我之所以一直主張社群經營的初期，應從小而美、小而精實做起，除了企業資源資金有限外，另一層意義是快速吸引一批精實的粉絲加入，才會更容易取得在分眾市場下，於社群中占有具影響力的發言位置。

因為，量小質精可以使精準用戶更容易注意到社群所發佈的動態訊息，也正因為量小質精的關係，你可以跟用戶做出深入互動與建立更深刻關係。在這前提之下，你可以找到一個值得深耕的潛力市場，從原本以為的小眾市場切入，展開一連串快速行動，迅速培養出一群量小質精的用戶，成功跨出社群經營的第一步。一開始不急著求用戶量大還有一個優點，就是方便快速對用戶做出超出期待值的回應與服務，只要能持續不斷的滿足用戶期待，口碑自然會因用戶大量分享而擴散，社群用戶即會扎實壯大。別怕起初微小，厚實的根基才是你中長期社群壯大的基石！

表3-13 粉絲經營本質：量大VS質精的差異

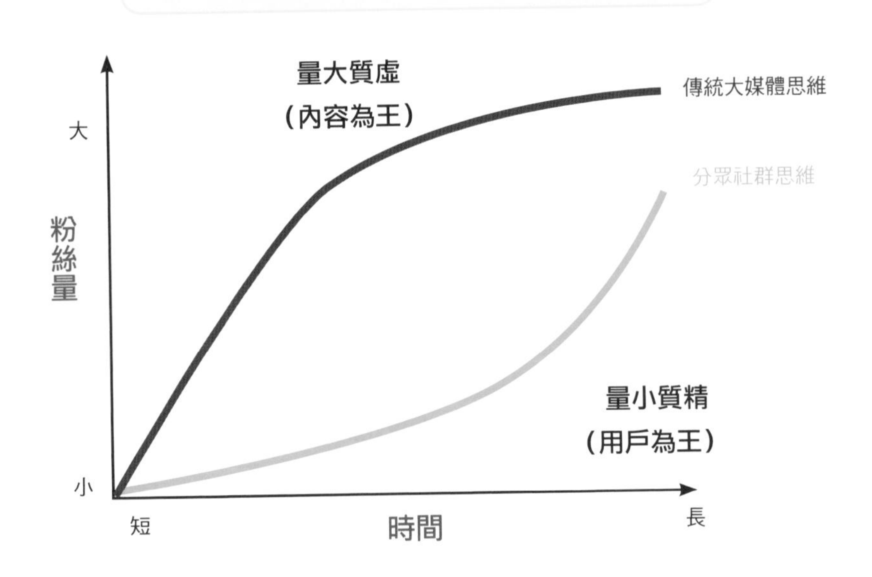

記住，「量大質虛」的社群本質就是搶曝光、搶眼球，養了一群「過客」為主的用戶、難有忠誠度，對企業的商業價值也有侷限性。你若沒有大量產製內容的能力，就不應該一味地以大媒體思維去經營臉書社群，畢竟不是每個企業都有能力天天、快速創造極多豐富的內容。

雖然，內容扮演社群維繫及開拓用戶的關鍵角色，但一切內容的發展必須仍以用戶為起點，所以應該更聚焦用戶實質需求，從量小質精作為出發第一步，絕對是個人及多數企業在社群媒體經營上的絕佳切入點（見表3-13）。

表3-14 內容擴散：向內吸力 VS 向外推力

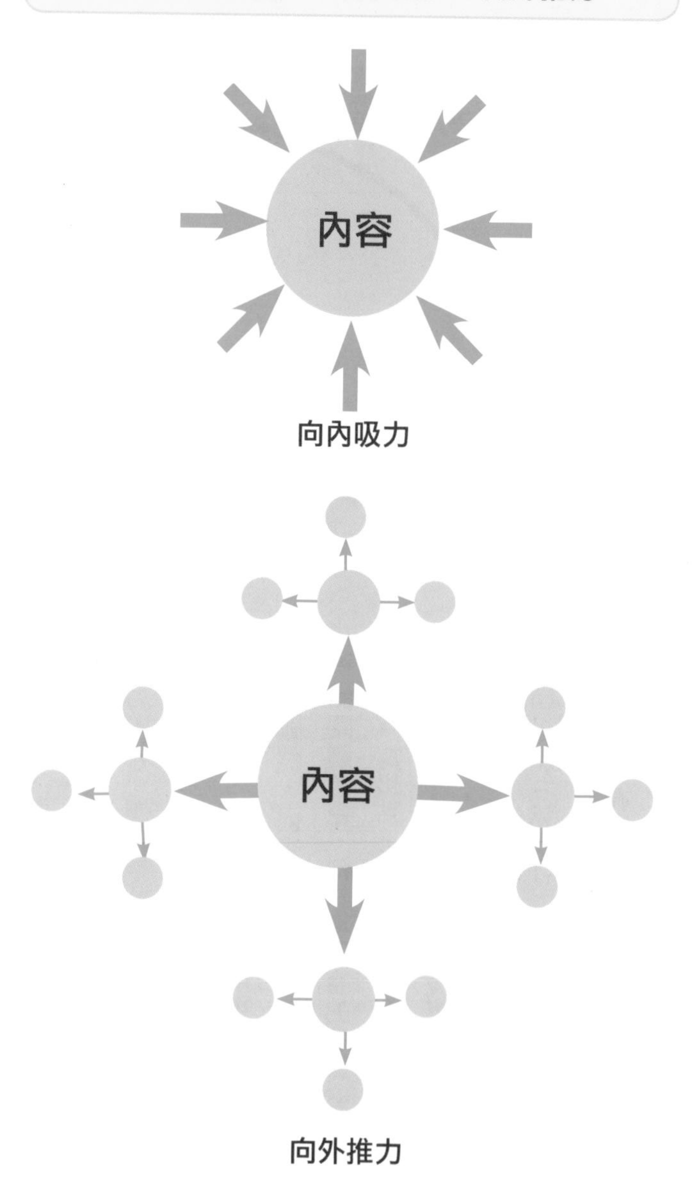

關鍵四：內容擴散——向內吸力vs向外推力

在網路的Web1.0時代，內容量傾向愈多愈好，集中在單一入口網站的內容成了網路使用者尋找內容的最佳去處。進入Web2.0時代，個人部落格興起，資訊量龐大，網路搜尋更加快速便利，單一入口網站逐漸無法滿足個人所需，取而代之的就是個人媒體、免費內容大爆炸地興起。

進入Web3.0的社群行動時代，社群化與行動化加速了內容串流、多螢多屏與內容更加個人化、自主化。這也讓所有社群經營者重新反思，「產製的自有內容」唯有被廣為轉貼、分享、引用的大量向外散佈，獲得最多使用者的目光，內容才會更有價值，才具有媒體影響力。

相較於傳統媒體視內容有價，限於自營的媒體才能使用，內容無法快速被擴散下，網路媒體影響力自然相對式微。因此，若想在社群上創造真正有價的內容，不是將內容固守在自己持有的社群媒體，反之應該積極地讓內容與更多外部網站或社群相連結，將「內容」視為社群媒體影響力的展延（見表3-14）。

Must Think

翻轉思維，才有生存機會

如果企業只是把打造「自有社群媒體」當作網路行銷工具，那不僅是小看社群媒體，更可能因此快速流失顧客，失去社群媒體時代的市場競爭力！

不同產品，社群經營大不同！

不應該馬上透過臉書推銷商品或積極拉攏顧客關係，這肯定會把顧客嚇跑！而是鞏固彼此信任基礎，讓粉絲成為顧客並樂於在自己的社群推薦。

產品少，可以經營社群嗎？

如果，你只有一項產品：蛋糕，可以經營社群嗎？答案是肯定的。我的好友「起士公爵」執行長王奕凱的起步，就只有賣單一品項的起士蛋糕，他從一位沒沒無名的網路賣家到成為網路人氣爆紅商品，臉書社群更累積十萬人，究竟是怎麼做到的？

以起士公爵為例，當你產品愈少，愈需要的不是花費大量的廣告行銷，而是塑造一個打動人心的故事。「真實」又富有使命感的動人故事，容易引起人們共鳴與產生好奇，也才能清楚區隔與一般蛋糕之間的顯著不同，進而提高顧客支持的意願。而故事，則必須將產品、服務的「信念」融入其中，例如：起士公爵創辦人創業的起心動念，只是為了給家人吃到安全無虞又兼顧美味的食物，開發出不加鮮奶油的純乳酪製作起士蛋糕後，盡一切努力讓消費者都能吃到健康幸福的起士蛋糕。

對社群經營來說，真實動人的「差異化」故事，有助於成為社群用戶向別人推薦的動機。你希望有更多人推薦你，勢必就要讓故事形成容易記得的「關鍵字」與吸引人的「標籤」，只要人想到「哪一款蛋糕好吃又特別？」就可以快速聯想到你，甚至吃了還會想跟別人分享。同時還要持續在社群增加差異化內容的豐富性，例如讓吃過的人主動免費在社群上創造內容，也就是讓你的顧客跟大家分享值得一吃的理由，讓顧客意見的回饋，可以變成一則又一則具有真實性又充滿說服力的內容。

請記得，社群經營切勿操之過急，這是一個中長期培養粉絲的過程，短則半年，長則兩年。至於長久經營的成功祕訣，就是以真實故事為出發點，不斷讓社群用戶透過「跟你有關的品牌故事內容」來產生共鳴。目的無非是持續吸引顧客回流，或是讓顧客主動分享品牌故事所衍生的內容，讓更多人對產品產生興趣，當經營一陣子之後，自然會發現在社群的口耳宣傳渲染下，必定伴隨著一群粉絲的擁戴與支持，獲利也將隨之增長。

賣服務，該如何做社群經營？

如果你做的是學習產業、賣的是保險、做的是理財或顧問業，又該如何透過社群經營來創造高銷售業績呢？原是工程師的艾爾文在網路上成功經營個人品牌，讓自己成了投資理財的網路專家，值得企業及個人借鏡。

艾爾文是一位投資理財專家，他立志：「透過自身經驗的分享，讓更多人找到穩定投資的理財道路，從可預期的結果實現更美好的人生。」於是在二〇一二年先創立一個「富朋友理財筆記」部落格，持續發表有關「存錢與穩健投資觀念」的理財主題文章，因為貼近生活而獲得眾多共鳴。

臉書社群大興後，他將發表的文章同步在臉書發文，引發超過十五萬粉絲加入追蹤，單日網站更曾創下二十三萬次的高人氣瀏覽量。現在，只要在網路搜尋引擎鍵入「投資理財」，艾爾文的部落格就排在前三順位。挾著網路高人氣，艾爾文不僅出書大賣，還多次接受財經雜誌、電視台、廣播節目專訪，成了企業與社團組織人氣理財講師。

從艾爾文的真實例子，你發現他的社群網路經營的成功之道了嗎？過去，大家總把專業視為有價資產，不願白做免費服務，然而，在今日的社群網路時代，則是該樂於「免費」貢獻自己的專業，並「轉換」成網路上易溝通、分享的文章內容。因為只要愈多人注意你、認同你、支持你，你的個人影響力與媒體價值就愈大。所以，當你跟艾爾文一樣，長期專注且持續聚焦單一主題、深耕內容，你的個人部落格將會吸引一群固定讀者，尤其當目標客戶在搜尋相關字詞時，就會很容易在搜尋第一頁找到你。

同時，別忘了善用社群經營的力量，讓更多人愛戴你、支持你，壯大你的社群用戶。事實上，愈是販賣專業的服務，平日就愈要主動保持與廣大用戶的密切互動，請記得，專業貼近人心的內容，絕對是深耕用戶關係最佳方式之一。

當然，你無法寄望偶爾做做行銷，就有辦法從社群銷售產品或服務，但當內容與用戶持續積累增長的同時，勢必會被傳統媒體注意，這個放大利器會大力放送你個人專業的本事、讓更多人知道，有助於取得原用戶更緊密的專業信賴關係。而這一連串的個人經濟發展路徑，自然也伴隨產生輔助的周邊，如：出書、演講的額外收入，以及既有核心銷售的服務上商業價值強化（見表3-15）。

表3-15 賣服務，該如何做社群經營？

小店家，如何經營社群？

我遇到許多餐廳老闆、SPA業者，甚至是我的美髮設計師都說：「沒時間！沒有錢！」更糟糕的是沒有多餘的人力可以經營臉書社群，卻希望運用社群的力量來提升店內人流與銷售業績。這有可能嗎？天下沒有白吃的午餐，但還是可以在非常有限的資源下，用聰明的方法運用社群增加業績。

事實上，只要有個人臉書帳號，也能把小店生意經營得有聲有色！該如何做呢？以下三步驟，帶你輕鬆入門（見表3-16）：

步驟一：邀請顧客成為你的臉書朋友。

請從你既有的顧客先開始，友善邀請這群來店消費的顧客成為臉書朋友。請記住，務必要將這些「重要顧客」在自己臉書朋友群中加以分類成「顧客群組」，將他們視為一群必須做好互動、拉近關係的顧客朋友，以方便快速掌握顧客的動態訊息。

步驟二：成為顧客的頭號支持者。

你不應該馬上透過臉書推銷商品或積極拉攏顧客關係，這肯定會把顧客嚇跑；相反地，應該先成為顧客最佳的支持者、啦啦隊甚至粉絲。當顧客朋友在臉書上分享訊息時，適時按讚支持、偶爾留言力挺，全心以好朋友的態度去對待，而不是用業務銷售員的方式去互動。

步驟三：信任關係昇華，顧客跟著上門。

當社群經營一段時間，信任基礎逐漸穩固後，你會發現，一次型顧客變成持續型顧客的人會逐漸增加，而持續性的顧客有一部分會成為你忠誠顧客，以及樂於為你在社群做推薦的粉絲。

千萬不要花太多時間為了討好顧客，到顧客臉書用阿諛奉承的方式頻繁留言，這樣只會造成反感效果。其實，只需透過對顧客臉書動態的掌

表3-16　讓顧客變成粉絲的五個階段

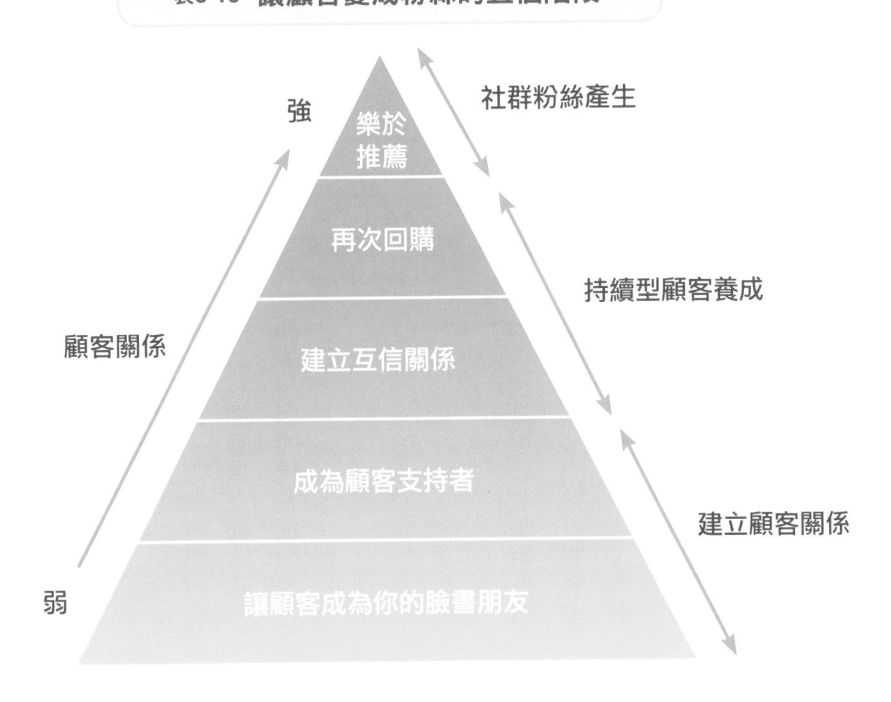

握，仔細觀察、耐心傾聽，經常按讚、真心留言、讓顧客三不五時就感受到你的社群支持，如此就可建立好顧客關係。只要你開的店所提供產品服務不差，顧客自然會把你當成朋友經常光顧。

許多店長認識我後，經過我簡單提點這一套方法，照著進行不到半年，來店的顧客不僅變穩定了，業績也好轉了！很重要的原因是這些店長掌握了社群運作最重要的成功經營祕訣：讓「朋友」認為他們備受重視。

你心中必須要有一個強大的信念，就是打造最強的社群軟實力，成為「顧客最友善的店」。從社群每一位加入你的顧客經營起，讓顧客打從心底就想要跟你買東西或到店消費，那你的社群經營就成功了！

高價品，社群又該如何做？

三年前，我與合夥人共同創辦了一家專賣運動用品的titan太肯運動科技公司。一開始是因為我們的資金、人力非常有限，才決定選擇一個小而美的專業運動襪做市場切入。由於主要訴求為高機能專業運動襪，因此鎖定經常運動的消費者為主力客群，主打一雙售價高達二百八十元～三百二十元的專業運動襪且不做低價促銷，價格足足比知名品牌Nike耐吉的運動襪貴了七十～一百元。剛開始，titan的品項不多又只有兩款各三種顏色可選擇，通路只有一個，消費者只能上我們自己架設的網購平台才能買得到產品。

假使，你遇到的情況也跟我一樣，處在一個新產品剛上市、知名度尚未打開，僅在自有網路通路賣高單價、品項少的特定產品，該如何運用社群建立用戶的消費信任關係？在網路不盛行的時代，想要順利打開市場，肯定得花大錢，而且難度很高。

所幸，我們處於一個人人活躍在社群網路的年代！讓我告訴你，我們是如何在上市三個月後，打開市場，建立第一批愛用者。半年後，賣專業運動襪的公司不僅賺錢了，兩年後還因社群口碑力量，成為台灣電子商務成長最快的專業運動襪公司之一。我把這行銷策略稱做：陸（銷售部隊）、海（參與活動部隊）、空（口碑部隊）三位一體的戰略（見表3-17），以下分別以三個步驟詳述：

表3-17 三位一體的社群經營

步驟一：空軍先行策略，做搜尋、做粉絲、做好產品。

所謂空軍先行，就是先培養一群支持你的粉絲，透過他們的網路影響力，持續在網路上轟炸，讓網路搜尋馬上找得到、網路聲量快速極大化。首先，一定要確保產品夠好，在禁得起考驗的前提下展開。假使，不夠完美，也必須通過粉絲的考驗及回饋，快速改良以逼瘋自己的準則下，把產品做到第一。

如果你跟titan一樣經營高單價產品，請先從快速培養一百位忠誠顧客做起。如何做到？我把唯一的廣告預算集中火力，找來一百位運動頻率高，同時在臉書、部落格又深具影響力的意見領袖。我們很清楚，如果這群人一開始就成了產品愛用者，勢必在通過社群口碑渲染下，可以迅速擴散觸擊到更多目標客戶，這是最經濟實惠、說服成本最低的口碑行銷做法。

因此，我們將這一百位顧客視為VIP上賓、寄送新產品，誠摯邀請他們親身體驗、共同參與不斷改進產品的設計過程，內盒同時附上一張親手寫的卡片。凡是穿過這雙襪子有感到不舒服、包裝上有任何建議……等，都邀請他們提供誠摯的建議，在蒐集到意見後快速改進並寄送改良後的新品回應。此外，這半年的過程中，若有人把襪子穿破，也會無條件再致贈全新運動襪。

步驟二：海軍線下社群造勢活動，做體驗、做口碑、做真實感。

當新推出的高單價產品沒知名度時，線下社群肯定不能少。因為，我們知道目標消費者，一開始都不認識我們的襪子，更沒時間了解我們的功能，只知道這襪子比一般襪子貴。因此，線下實體活動就扮演辛苦「海撈顧客」的功能，創造顧客面對面的機會，更重要的是，無論是大場或小場的實體活動，得精心設計可以參與、互動、感知，易於做社群上網分享的機制。

別忘了，如果贏得一個人的口碑，透過智慧手機在臉書社群分享給十個朋友的基礎下，在一場活動上若贏得一百人注意，實際上就有接觸一千人的效果。

由於titan一開始的知名度尚未建立，我們刻意不讓實體的活動變成抽獎、看明星的失焦場子，而是全力把一切聚焦在「產品是主角、用戶是王道」，將策展活動當成一連串真實體驗的過程，才是初期線下社群造勢活動的關鍵核心！

別忘了！空軍之所以優先行的原因，主要是為了在線下接觸實體的目標消費者，讓他們在第一時間上網搜尋、回頭造訪網路社群或查詢評論時，可以輕易找到好口碑、好評價。緊接著，海軍邏輯的線下活動接手，創造與目標消費者面對面接觸的機會、真實感受產品，在第一次相遇後，將線下引流到線上，回到網路世界上再認識、主動探尋與建立用戶資料，就是一場長久引導顧客回購的過程。畢竟我們販賣的是高單價產品，需要讓消費者有足夠的信心，才能激發購買行動。

步驟三、陸軍部隊精準放對位置，做用戶、做內容、做服務。

不該再用傳統業務銷售的思維去賣你的商品，而是應該積極拓展用戶數，創造更多不同、有意思的內容，用服務去贏得最終的銷售，才是社群網路的思維。

陸軍就是銷售部隊，過去，你必須挨家挨戶的拜訪經銷商、通路或媒體，以爭取比較好的產品上架或合作條件。現在，你要思考的不是銷售或通路優先，而是要想辦法讓目標顧客、對的用戶能注意到你，並透過網路加入成為會員。

以我們賣專業運動襪來說，積極與運動相關的電視、雜誌媒體與通路洽談時，談的不是如何幫我們賣，而是如何用產品去爭取顧客的注意力，取得相關媒體報導或是我們真正要的置入內容。因為我們知道先這樣做再放到網路上做擴散，才會更容易取得顧客的信賴感、增加產品的說服力。這一切需要持續不間斷的配合空軍、海軍的整體行銷策略，快速去執行。

很開心，我們賣力經營了三年後，在台灣運動市場上即獲得非常高的口碑評價，專業運動襪的網路市場占有率不僅第一，也累積了龐大的用戶實力，靠著社群網路的陸海空全面的做法，繳出非常亮眼的銷售成績單！

Must Read

重要顧客，就是朋友

務必在自己臉書朋友群中，把重要顧客加以分類成「顧客群組」，將他們視為一群必須做好互動、拉近關係的顧客朋友。

4

第四章

「口碑行銷」成功關鍵：擴大影響力，打造暢銷產品！

4-1 什麼是口碑行銷？

很多人誤解，好的產品就必然會有好口碑，事實上，市場上不缺好產品，但真的能脫穎而出的，不僅產品要夠好，最重要的是還要有三大要點：差異點、亮點、爆點。

口碑行銷的演變與差異性

口碑是什麼？如何做好口碑行銷？如果要我用最簡單的一句話形容什麼是「好口碑」？我會回答：「產品的說服成本降到最低，就是好口碑。」iPhone就是一個大家熟知的例子，其說服成本低到不需要自己打廣告，就有人主動說服你、我、他，追隨與購買每一支新上市的iPhone，因為，「說服成本降到最低＝好口碑」。營造好口碑的方法並不是一直花大錢買廣告，而是應該創造一個口碑循環效果、達到「低說服成本」，讓消費者自動說服自己購買你的產品，才是口碑行銷的真正目的與價值。這裡，我針對口碑行銷的演變與差異性，區分了口碑行銷1.0、2.0、3.0三個階段，分別說明如下（見表4-1）。

階段一：口碑行銷1.0——網路的意見氣候，左右消費者行為。

一九九四年到二〇〇四年這段期間，屬於網路剛開始普及的第一階段，也就是網路Web1.0時代，網路連線方式以電話撥接上網為主流，網站性質以企業、組織機構為主，應用特色則多單向訊息流通。這個時期的網路交流模式很單一，個人只要輸入電子郵件帳號申請一組匿名帳號，便可以悠遊於網路討論區、BBS、論壇，以不記名方式發言、互動。

表4-1 口碑行銷的演變與差異性

	口碑行銷1.0	口碑行銷2.0	口碑行銷3.0
口碑來源	意見氣候	意見領袖	意見領袖，社群行動圈
主要訊息發佈中心	網路平台為中心	個人媒體為中心	多社群圈為中心
呈現方式	討論字串為主	圖文並茂的文章	即時訊息，多元媒體串流
互動模式交互關係	特定平台＋匿名互動＋群聚圈	部落格＋意見領袖＋訂閱者/追隨者	社群圈＋真實人際＋社群/人脈網絡
口碑主要傳播模式	討論區 搜尋引擎	部落格 搜尋引擎	社群媒體 行動發訊
代表媒體	批踢踢、Y!知識、FG討論區、巴哈姆特、mobile01討論區	無名小站、痞客邦、天空部落、Blogger	臉書、LINE、Instagram

因此，造就不少討論區的崛起，如：電玩遊戲領域的「巴哈姆特」、時尚美妝指標的「FashionGuide」、3C科技話題為主的mobile01、各種主題大討論熔爐「台灣論壇」、校園討論版「PTT批踢踢實業坊」、親子母嬰話題「BabyHome」，以及後來專治疑難雜症的問答錄「Yahoo!奇摩的知識＋」……等，這類型匿名的網路討論區，成了網路互動未足夠開化年代裡，網路意見氣候的重要根源。網友透過瀏覽、參與討論，獲取更多資訊，甚至對於欲購買的產品也會到討論區尋求網友意見，成就了這類型的討論區左右消費者購買意向的高影響力。

然而，隨著臉書、推特等實名制的社群崛起，以及行動即時通訊社群LINE、WeChat的熱絡，除了一群熱中網友還固定在各類主題討論區上群聚交流之外，討論區已經不再如以往盛行。

階段二：口碑行銷2.0——部落格崛起，個人媒體時代來臨。

網路產業的Web 2.0時代，其實就是根據使用者開始把網際網路當成交易平台，發展出規則的一種商業革命，有消費就需要口碑；這時，部落格的崛起，尤其在二〇〇四～二〇〇八年的四年間，台灣部落格百家爭鳴、方興未艾的時期，剛好扮演著口碑行銷的重要角色。部落格不僅意味著個人媒體的興起，業餘的內容產製者大大威脅了傳統主流媒體記者的地位，更重要的是，部落格還可以作為一種網路強而有力的連結、分享的內容導引，也左右上網搜尋者購買的決策與動機。即便是臉書崛起後，部落格仍然是一個口碑訊息重要來源的發佈地。

為什麼部落格對口碑行銷的影響力仍然舉足輕重？仔細觀察不難發現一篇部落格發表的文

章比起臉書的一則即時動態發佈，更能完整地將一個事件、一個故事、一件產品、一項服務，更完整地以圖文並茂的方式陳述。一個好的部落格，會獲得大量追蹤者訂閱（RSS），一篇好的文章，會透過留言、轉貼與連結引用，獲得的迴響極大。除此之外，當透過Yahoo!或Google搜尋引擎時，部落格的文章也會成為重要資訊的一部分，特定關鍵字詞、強而有影響力的部落格文章，自然而然在搜尋排序名列前茅。

階段三：口碑行銷3.0——真實人際串聯，人人都是意見領袖！

Web 3.0的定義為何？其實業界的爭論非常激烈、觀點也各異，不過，其中一項重要的共同點，就是個人也可以實作經濟價值的時代來臨。雖然社群平台從Web 1.0、Web 2.0時代發展至今已久，但真實人際社群網絡平台當臉書（Facebook）在二〇〇四年出現之後，才真正改變人們使用社群網站的行為，完全放棄過去「匿名身分」方式去互動，轉而以「真實身分」在社群網站上延伸出更多有意思的社群關係；實名制，成了主流，MySpace、LinkedIn……等實名制社群網站迅速在全球各地興起。

二〇〇九年是台灣群起瘋狂愛上臉書的一年，這成功的一役，起源於一個社群的小遊戲「開心農場」、勾起台灣人的玩興，短短二個月就吸引二百萬人註冊成為臉書會員，更在一年內一舉突破五百萬名用戶。「開心農場」可說是讓臉書在台灣快速站上社群龍頭的功臣，不過，「開心農場」的遊戲本身並不是真正令大家加入臉書的「真賣點」，因為這類的網路小遊戲其實已經非常多，臉書之所以讓大家覺得有趣的原因在於遊戲規則的設計機制，以收割、種菜、偷菜等小趣味吸引朋友注意，串起真實世界朋友之間的聯繫頻率。這樣一個社群兼具遊戲的行為，就是口碑行銷3.0最重要的核心價值：串聯真實人際，真實生活與真實人際圈不斷透過臉書被延伸、擴張、交織，再重組成多個新的社群網絡，也讓人與人之間的交際變得迅速、容易。

目前，臉書的註冊會員超過二十億人，活躍用戶就有十億人，已經是世界上最大的真實人際社交平台，變成了口碑行銷重要的社群。一般個人可以邀請認識的朋友、興趣相同的陌生朋友或顧客加入臉書社群圈，而個人、團體、組織、企業，也可以透過臉書成立專屬的社團或粉絲專頁；從臉書上贏得更多人關注、討論、參與產品及各式議題。當愈多人以真實身分，透過不同形式在臉書上主動發佈訊息、交流、串聯，社群口碑早已無所不在。

二〇一〇～二〇一四年，因為智慧型行動裝置普及、行動上網人口激增，社群行動化加速了虛實社群的串流、人際網絡的即時性互動，這期間，WhatsApp、WeChat、Instagram、LINE……等行動社群通訊軟體也加入了社群的行動戰場，從此，一個人不只是在社群上擁有多個身分，同時間可能穿梭在不同社群平台做一對一、一對多、多對多的各種形式即時互動。這波社群的行動革命，讓口碑行銷變得更加複雜，當前企業所面臨的口碑行銷課題，所要環顧的不再只是意見領袖所發佈的訊息，也勢必得多留意多個交織社群圈的意見氣候。

口碑行銷施力點：差異點、亮點、爆點

產品夠好，才容易有口碑；如果產品不好，口碑也難以發揮。不過，很多人誤解，好的產品就必然會有好口碑，事實上，市場上不缺好產品，但真的能脫穎而出的，不僅產品要夠好，最重要的是還要有三大要點：差異點、亮點、爆點。其中，至少具備一項口碑行銷關鍵施力點，才能在市場上冒出頭。至於如何擁有這三個口碑關鍵施力點？可以從競爭者比較與目標顧客深層需求來挖掘（見表4-2）。

(1) 產品要有差異點

可從省時、省力、省錢等三個方向來比較，利用數字、量化的方式，有助於讓消費者立即判斷勝負高下，例如：同樣是智慧型手機，可以從數據或比較圖表，呈現出開機速度更快、性能與價格比較是不是都高於同款競爭者，讓目標消費者一目了然、明顯感受。

(2) 產品要有亮點

產品本身的優勢，可以從視覺設計、創新功能、超越顧客需求等三個角度來強調。例如：雀巢的時尚膠囊咖啡機之所以熱銷，絕對與視覺設計貼近時尚又能符合都市家庭需求有關。再如，

Dyson吸塵器之所以比其他吸塵器賣得貴卻依然全球暢銷，與該品牌不斷在創新技術上持續有關，此外，產品外型的視覺美感也息息相關。

(3) 產品要有爆點

產品行銷話題的爆點，應該要與時事話題、流行趨勢、人物故事密切相關。例如：近幾年，台灣的食安問題不斷，我的獸醫師好友龔建嘉（阿嘉）在群眾集資平台上提案「白色的力量：自己的牛奶自己救」，除了文情並茂之外還錄製影音呈現，讓消費大眾了解一般鮮乳的問題和酪農困境與弱勢，他透過建立公平貿易的鮮奶供應平台，不僅讓酪農有合理的利潤，也讓消費者喝到真正自然營養的

表4-2 創造產品口碑的三個關鍵施力點

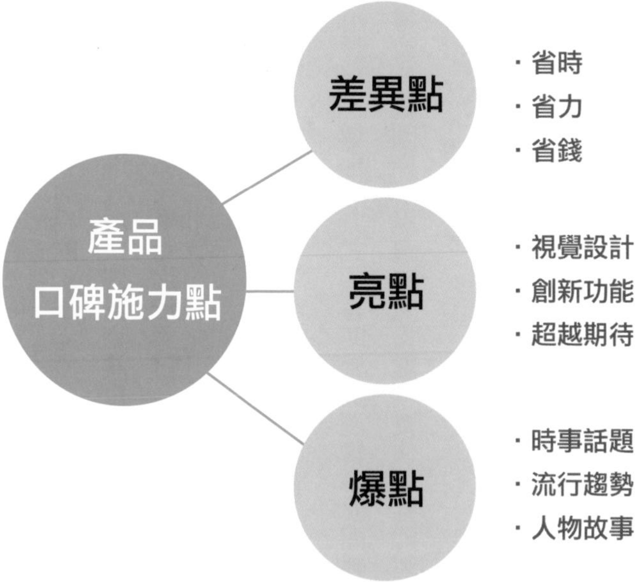

產品口碑施力點

差異點
- 省時
- 省力
- 省錢

亮點
- 視覺設計
- 創新功能
- 超越期待

爆點
- 時事話題
- 流行趨勢
- 人物故事

鮮奶，果然，兩天之內的集資金額突破百萬、超過上百人響應，這就是命中口碑爆點的標準成功案例。

Must Note

打造暢銷產品的基礎

產品夠好，才容易有口碑；如果產品不好，口碑也難以發揮。

4-2

一擊命中！口碑快速擴散的成功模式

簡單來說，當一個創新產品在剛起步階段時，市場接受程度不高、顧客自然較少，也導致擴散過程相對遲緩，當顧客普及率達16％時，創新擴散過程才會快速地增加。

新產品，如何快速擴散口碑、成為熱賣商品？

一項新產品，如何在一上市就能快速擴散口碑、成為熱賣商品？我們可以從美國社會學家埃弗里特・羅吉斯（Everett M. Rogers）的成名之作《創新的擴散》一書中，找到關鍵的答案。羅吉斯指出，產品從上市到成功打入市場，達到顧客普及化的「創新擴散過程」會有五個階段：瞭解階段、興趣階段、評估階段、試驗階段和採納階段。不過，這五個階段的形成，乃是以創新採用者的形成比率而定，所以，羅吉斯將創新採用者區分為「革新者」（先驅者）、「早期採用者」（意見領袖）、「早期追隨者」（早期接受者）、「晚期追隨者」（晚期接受者）和「落後者」，可參見下列所附的「創新普及的擴散過程」與「創新曲線」（見表4-3）。

簡單來說，當一個創新產品在剛起步階段時，市場接受程度不高、顧客自然較少，也導致擴散過程相對遲緩，當顧客普及率達到臨界值後（普及率16%），創新擴散過程才會快速地增加。因此，在審視自己的產品或服務時，必須同時環顧同類型產品在市場上的普及程度位於哪一個階段，這樣才能方便預估產品的生命週期以及做動態策略的調整。

這個時候，需要特別注意的是顧客對產品的接受速度，並不是依產品類別而有一致的看法，以智慧型手機為例，在現今已經十分普及的情況下，若想要推出差異不大的智慧型手機，就僅能服務到晚期追隨者或落後者。相對地，如

表4-3 創新普及的擴散過程

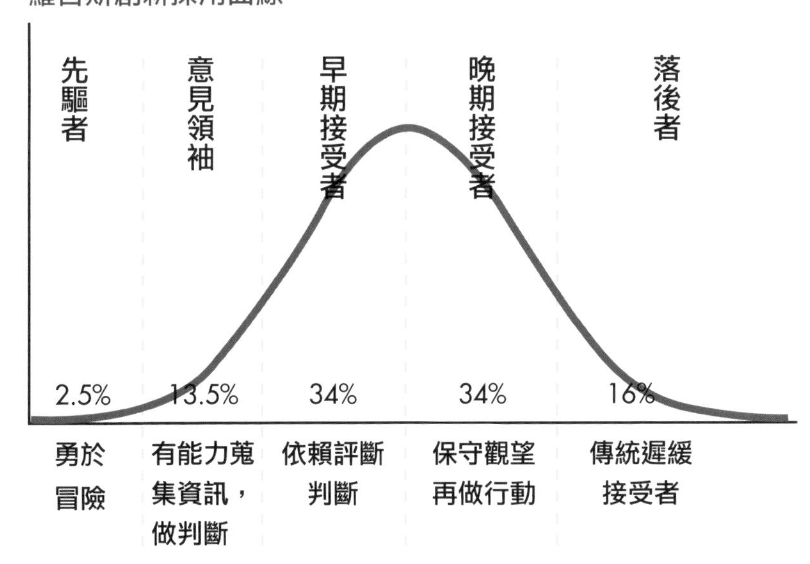

果是一個市場上較創新的產品，因為尚未普及，所以就比較有可能從先驅者與意見領袖的角度快速切入、拓展，譬如：智慧型穿戴式手錶。

因此，在運用「創新擴散過程」時，必須同時考量商品市場的普及性與口碑的適合階段，因為每跨過一階段的藩籬就愈能代表企業能從該階段獲利、商品符合該市場顧客所需。

一、先驅者：數量僅占2.5%的重度嘗鮮者

羅吉斯將其所指出的第一批創新採用者稱之為革新者，因為這是一群為數不多，勇於嘗試剛上市產品或服務的先驅消費者，所以，我則將其稱之為「先驅者」。「先驅者」會在什麼樣的情況下出現呢？Google眼鏡（Google Glass）就是一個最好的例子。Google眼鏡在推出之前，先以一千五百美元（台幣四萬五千元）的價格提供給測試者和Google I/O開發者。這款配有光學頭戴式顯示器（OHMD）的可穿戴裝置，十分新奇、售價昂貴，發展初期沒人知道是否好用，若不是對於創新型產品特別感到好奇、熱中嘗鮮的使用者，是不容易接受與購買的。

我建議，當產品在初期開發階段時，就應該開始做行銷，而最好的前導行銷就是培養一群先驅者的顧客，讓他們嘗試使用該項產品或服務，成為即時反饋意見、參與產品開發過程的重要第一手資訊與真實情報來源，這群先驅者，很有可能在新品正式上市之後，成為最佳的首波大力支持推廣者。

創新型的產品在沒有知名度、沒有充沛資源的情況下，可以挖掘的先驅者在哪？別忘了，

「網路群眾集資」平台誕生後，擴大產品未上市前的聲量，已不再是難事，任何人都可以透過群眾集資平台檢視自己產品在市場上先期的接受度與提早打口碑。

二〇一四年就有二個台灣之光的成功實例，一個是「All in One 3D 印表機」的點子，這款「FLUX 3D」印表機以可替換噴頭的創意，在美國的群眾集資平台Kickstarter上架，產品未上市就願意贊助的先驅者有二千三百五十八人，募集到來自全世界一百六十四萬美元（約台幣四千五百萬元）的資助，寫下台灣團隊該年最高的全球募資紀錄。另一個經典案例也是一項創新產品「Stair-Rover 八輪滑板」，發想的起源來自於打破一般人對滑板運動入門門檻高的印象，以獨特的輪架結構設計，讓人簡單享受滑板樂趣，不論是在平地、上下階梯或凹凸不平的道路上滑行，都較傳統滑板容易許多，新手練習十分鐘就能輕鬆上手，也因此，這項產品迅速吸引到非傳統滑板的族群，在台灣的群眾集資平台一亮相即受矚目，過程中，更靠著社群網站的高分享數成為話題，意外大獲成功，最後，受到二七二〇位先驅的贊助者支持，共募得一百二十二萬元美金（約台幣三千二百萬元）。

二、意見領袖：總有一批受眾與跟隨者的13.5%早期採用者

每一個人都可能是某一領域的意見領袖，這種人，羅吉斯歸納為「早期採用者」，我將之稱

為「意見領袖」，因為他們代表著對某一特定領域、議題掌握能力高，自主與判斷性強，更重要的是他們的意見總是影響某一群受眾及跟隨者。舉例來說，網路上從來不乏關注美食、旅遊、團購、美妝保養、3C科技……等各式主題的部落格文章，這群固定PO文的部落客（Blogger），就是一群有影響力的意見領袖。部落客長期透過撰寫部落格文章，發表對於特定主題的看法，這些發表的內容便左右了瀏覽者或忠實粉絲的消費意向。因此，如果想要做口碑行銷，不得不善用這群意見領袖的力量，因為，他們是極為重要的口碑擴散節點，若懂得操作將可以低成本、低風險，快速觸及早期接受者，就能夠換來最大銷售成效。

舉個例子：每一年我經營的部落格口碑行銷公司（BloggerAds）協助全球知名的尿布品牌做口碑行銷，當有新款尿布剛上市時，我們會先邀請至少一百位在網路上極具影響力的媽媽部落客，讓這群媽媽意見領袖的寶寶先行體驗產品，蒐集她們的寶貴意見後，將資訊交由客戶改善產品或服務上不周全之處，接著再請媽媽們做真實的網路見證式推薦。經過幾次反覆經驗的累積，我們發現，運用一百位媽媽意見領袖的口碑擴散到十萬名媽媽的效益，遠比起花大錢砸電視廣告做大量曝光來得更精準有效，不僅投資報酬率較大，也更容易收到真實的顧客使用者意見回饋。

三、早期接受者：產品流行後跟進的34％早期跟隨者

相較於單方面接收意見領袖的推薦，一般人其實更依賴數據化的評價，尤其會經過一番研究與溝通交流後，才會做出購買商品的行動。這個時期的消費者，主要是在看到周遭已經開始有人

購買且開始流行之後打算跟進，所以，可以稱之為早期接受者（早期追隨者）。因此，如果想要影響這群相對謹慎的早期接受者，只要先擄獲前二階段的顧客群，自然會影響早期接受者的購買意願與喜好。

根據羅吉斯的「創新擴散理論」所提到，前面二個階段，先驅者（2.5%）與意見領袖（13.5%）兩者相加起來的佔比在16%這條節點線，稱之為普及率16%定律，也就是當產品推進到這個關鍵點後，受眾對產品的信賴感與信心將會急速上升、口碑自然快速擴散，即會跨入普及率起飛的階段，贏得更高的市場佔有率，有機會成為市場第一，真正會讓你賺大錢就是拿下多數的早期接受者；相對地，如果無法普及到多數的早期接受者與一般大眾，產品將會變成只有特定一群愛好者。

手機遊戲就是一項極需要快速進入多數早期接受者的產業，否則，根本還沒被市場接受就會消失不見。手機遊戲是產品壽命極短的產業，這個產業的創新普及與擴散速度，比起其他產業的產品汰換速度更快，眾所皆知的憤怒鳥、Candy Crush都曾經是全球叱吒風雲、紅極一時的手機遊戲品牌，如今都已被快速推陳出新的遊戲給淹沒，聲勢早已大不如前。因此，不甘淪於短命產業之列的手機遊戲「神魔之塔」，雖然透過上百位在臉書擁有上萬粉絲追隨的正妹、女神加持下，只花一年半就快速切入手遊市場、創造一千四百萬用戶，獲得台灣下載量衝破一千萬人、獲利破億元的甜美果實後，也不得不面對成長趨緩的現實。

四、晚期接受者：熱度將降才接受的34％懷疑群

熱度之後才願意仿效而接受的客群，對於資訊的接受度較多數早期接受者更為猶豫不決，他們總是對新事物抱持懷疑態度，一定要看到產品在市場上已經具備高普及度，追隨跟進意願度才會提高，這群晚期追隨者，我稱之為晚期接受者。

以「神魔之塔」為例，他們針對這群晚期接受者市場，轉而開闢一條非透過手機付費的獲利模式。二〇一四年開始不斷跨界辦展覽、比賽、演唱會，也與產品公司、動畫公司合作，授權販賣實體卡片，看準的是以用戶為中心所延伸出的周邊新商機。

我們必須清楚，當面臨廣大用戶潛在需求時，容易因為解決需求伴隨著過多的要求，而導致投入資源龐大且分散。因此，必須得謹慎從早期多數接受者中，逐一挖掘關鍵需求並解決，才能逐步拓展潛在用戶與未開拓的商機，以及吸收到更多數的晚期接受者。

五、落後者：最傳統、最末端的16％保守者

市場上，總是有一群因循守舊的客群，對於創新產品或市場新鮮事，多以過往經驗做判斷、持保留態度，從最不容易接受到被迫接受。這群人是最晚接受產品的落後者，即是企業最不容易透過口碑行銷影響的一個族群，因為落後者本身的主觀意見經常是遠勝於市場大眾意見。同時，

有些落後者由於資訊取得不易或受制先天的地域、資源或數位落差，導致對產品接受程度遲緩，成為相對弱勢的一方。

Must Read

市場微熟，才是賺錢良機

真正會讓你贏得更高的市場佔有率，有機會成為市場第一、賺大錢的階段，就是拿下多數的早期接受者。

產品，是一切口碑的根源！

在一切口碑行銷之前，你必須創造自己會說話的口碑產品，才能幫助你所做的口碑宣傳如虎添翼。

創造會說話、獨特的口碑產品？

經過前面的說明，你應該大致掌握到推出新產品時，可以快速打入市場的最佳途徑，就是從先驅者、意見領袖做口碑的切入；這群顧客群數量雖小，影響力卻不小。在經營者的有限資源下，行銷操作上比較容易集中火力，口碑行銷的投資報酬率能夠最大化，再者，在最短的時間內，讓產品及早跨越到多數的早期接受者階段，只要產品普及率線（16%）的門檻一過，市場銷售自然會因已購買者的口耳相傳而擴大範圍，自然帶動整體銷量。

然而，在一切口碑行銷之前，你必須創造自己會說話的口碑產品，才能幫助你所做的口碑宣傳如虎添翼。暢銷的產品，會讓顧客愛上你，免費為你宣傳，但該如何做到？首要目標就是打造：一個會說話的口碑產品。換句話說，就是要讓人們主動願意談論你的商品或服務，這才是最高竿的口碑行銷。只是，該如何讓產品值得人們談論，首先，必須先讓產品有「獨特性」，夠獨特才值得被一提與討論，這是口碑一切的根本。如果可以在創造產品之前，就把「獨特性」納入製造產品的思考，將可以讓你的產品不費工夫地引人注意與談論，也更容易激起購買者的慾望。

那麼，該怎麼創造會說話、獨特的口碑產品，以下我將就創造暢銷產品可依循的三個法則，來做一個詳盡的說明（見表4-4）。

法則一：解決關鍵問題

你提供的產品，前提必須是可以滿足目標族群基本需求。因此，應該先問自己

表4-4 創造會說話的口碑商品

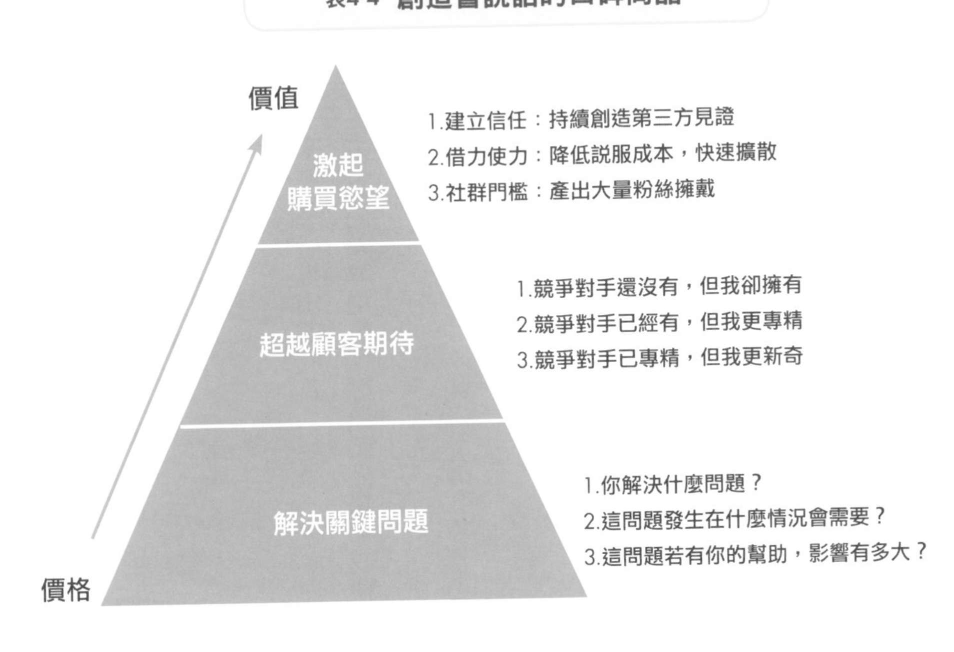

提供給顧客的產品，是否真正解決了顧客問題？而這個問題又會發生在什麼情況？最後，這個問題若有你的幫助，市場影響範圍是大還是小？

法則二：超越顧客期待

當你推出的產品解決了顧客的關鍵問題之後，勢必會遭遇對手所推出的同質品競爭。在激烈市場競爭之下，很有可能礙於有限資源或資金，不易取得市場上的領導地位，導致產品銷售成績不佳。這個時候，你就該仔細思考如何在產品上超越顧客的期待。別忘了！只要產品力愈好，愈能透過口碑降低顧客取得成本，因此，當產品在推出時，如果能讓產品自己會說話，在市場上就更容易脫穎而出。以下三種方法，有助於讓你在準備製造產品時，就植入口碑DNA。

(1) 競爭對手還沒有，但我卻擁有

如果能在競爭對手尚未推出之前，就率先推出創新又符合市場需求的產品，勢必大受歡迎！讓產品自己會說話的經典案例，就是美國蘋果公司所推出的智慧型手機iPhone，當數該領域的先驅，當年，推出不需要按鍵、只要一手指滑的智慧型手機，受全球消費者為之愛戴，瘋狂粉絲不計其數。另一個值得一提的就是我的科技業好友，「展雋創意公司」創辦人吳有順推出的「OVO電視盒」。創辦人吳有順源於對當前電視節目的品質感到不滿，而開發出「OVO電視盒」，他

在功能上特別設計「按讚」回饋機制與雲端即時榜，讓觀眾可以直接對電視內容的喜好度做出立即回應。二〇一四年七月三十日，「OVO！台灣電視讚起來」集資計畫一登上群眾集資平台「FlyingV」，只花九個小時就募資到五十萬元，不到三天、募資額就突破百萬，最終總募集資金超過三百五十六萬元，成為FlingV當年度集資最成功的3C科技創新產品。

「OVO」的出奇成功因素，很大一部分不是電視盒市場的需求大小，反而是歸功於「OVO」創造了一個讓消費者在看數位電視時，可以針對電視節目按「讚」（現在又多了按「爛」的功能）這一項提出喜好反應的機制，而且，讓收視率滿意度調查直接公開化，試圖顛覆了台灣電視長久以來依賴尼爾森收視調查的封閉式生態。如果，你想超越顧客期待，不妨試著創造競爭對手還沒有卻具備消費者期待的產品，如此一來，就有機會一推出即贏得大量免費口碑的推薦與支持。

(2) 競爭對手已經有，但我更專精

當強大的競爭對手已經把產品做得很好時，你所該做的並不是跟對方做一樣的產品，因為硬碰硬的勝算極低。在資源有限的情況下，你必須要在大眾市場重新找到可以深耕的分眾市場，將資源集中在特定市場上，成為該領域的佼佼者，唯有成為消費者心目中的第一，才能讓消費者第一個聯想到你，自然就容易快速累積好口碑。例如：「UNT」專注在指甲油專業，推出上百款繽紛顏色，做到網購市場的第一；再如，「titan太肯運動科技」放棄廣大的襪子市場，專注看似

小眾的專業運動襪，將產品先細分、再深化，打造一系列運動襪款，如：專業慢跑襪、專業籃球襪、專業自行車襪、專業棒壘球襪、專業壓力襪、專業高爾夫球襪……等，在夠精、夠專注的領域，快速創造獨特性，讓自己的產品說話。「UNT」與「titan太肯運動科技」，都證明了只要深度夠，就容易吸引媒體報導、容易累積一群鐵粉支持，口碑自然更易精準快速地被傳開。

(3) 競爭對手已專精，但我更新奇

假如對手已經夠專精，你該如何突破重圍？我建議，創造更精且更新奇的產品，才有機會！就如我的好友陳建衡在二〇一〇年所創辦的「The Escape Artist」（簡稱：EA），以顛覆一般人對繪畫教室的認知，讓任何一個平凡都會人都可以把畫畫當成娛樂出發。EA的新奇之處，在於提供繪畫空間與工具（畫布、畫架、壓克力顏料、畫筆、圍裙……等），但卻不做任何繪畫指導及教學。EA試圖在台北創造一個新奇的娛樂繪畫空間，讓人們可以單純享受拾筆繪畫的真自由與樂趣，所以，來畫畫的人不會被老師打成績，所有人都可以在沒有壓力的情況下盡情畫出自己的心情。EA的收費方式極為獨特，以客人挑選的畫布尺寸來做繪畫部分的收費，飲料與簡餐則另外計費。EA經營四年多，累積來客數達七千多人，來客者不再侷限繪畫專業背景的專業人士，反而吸納了更廣大的白領上班族。

是的，當面對專精的對手，你可以轉個彎、翻轉原有商業模式，推出更新奇的做法與題材，提出強而有力的創新主張，才會因為與眾不同，快速贏得一群有共同興趣的人支持。這也會是創

業起步時，利用小眾鐵粉做口碑、做品牌行銷成功站穩市場的絕佳第一步。

法則三：激起購買慾望

二〇一三年，生技業朋友「易珈生技」的創辦人吳啟慎，在市場上首推「紅豆水」飲品，一年內在網路上爆紅。他發現台灣女性普遍有水腫、補血的龐大需求，而經萃取後的紅豆水就是中醫最佳的良方，於是，他將紅豆水變成方便飲用、高濃度的粉末包裝產品，果然精準切中台灣女性的需求。他非常清楚，產品爆紅只是一時，而且任何在台灣的爆紅產品，很快地會吸引同業跟進，所以，必須得拉長產品生命週期、成為長銷產品，因此，就必須建立顧客對品牌的信任、取得大量粉絲擁戴、快速搶得最大市占率，才是最後真正的贏家。

於是，吳啟慎不僅找藝人合作，快速取得市場品牌知名度，也找我配合行銷，透過上百名部落客、臉書意見領袖來撰寫真實體驗後試飲心得，藉由意見領袖的影響力，讓好口碑快速擴散。短短一年，就為「易珈生技」帶來二億元營收，隔年，再推出免沖泡的罐裝商品，進軍全台各大通路，一舉攻上台灣飲品市場前十名。

「易珈生技」的紅豆水如此成功，絕非偶然！「創造獨特，會說話的口碑產品」，正符合這三個關鍵成功法則。首先，他提供的紅豆水，不僅解決了易水腫、易貧血的女性需求，更「簡化」燜紅豆、熬煮費時費力的麻煩，提供隨手一包、沖泡即可的便利性。更重要的是在看準市場影響範圍極大時，一股腦全力投入研發、以「速度」來維持市場領先度，在紅豆水推出的一個月內再推另一支新產品，而且，除了推出粉末、罐裝版本外，還快速擴充產品品類，推出同系列的薏仁水、綠豆水，讓「易珈科技」迅速站上「豆類水」市場龍頭品牌。最後，他讓豆類水的飲品商機，持續在網路上創造第三方體驗見證下，採取虛實通路併進的策略，拉高了市場競爭門檻，迅速擴大女性市場。

Must Think

最高竿的口碑行銷

讓人們主動願意談論你的商品或服務，進而產生購買慾望。

創造有價值的內容，擴大你的網路口碑影響力！

網路上的口碑與內容息息相關，若想要讓網路口碑說服成本降到最低，就得想辦法創造「有價的內容」。

內容價值如何衡量？

雖然，我常聽到「內容」對於社群口碑行銷有多重要，但該如何做？多數人還是一知半解，或是沒有掌握網路內容真正的核心價值。簡言之，網路上的口碑與內容息息相關，若想要讓網路口碑說服成本降到最低，就得想辦法創造「有價的內容」。所謂有價的內容，不是傳統媒體所認為必須請專業人士或專業製作人，耗費鉅資製作精美昂貴的內容。我歸納出在網路上定義的「有價的內容」，需要具備搜尋力、分享力、互動力、口碑力，以上這四個要點當中至少一項，以下分項說明之（見表4-5）。

一、搜尋力（Search）：容易被消費者搜尋到

吸引人的有價值內容，並非取決於夠專業才有辦法產出，這是自稱專業人士一廂情願的想法。正確來說，應該是要想辦法讓好內容，輕鬆地被「目標族群」搜尋得到，例如：投資理財，有沒有辦法像投資理財部落客「艾爾文」一樣，只要在Google上搜尋關鍵字「投資」或「理財」，就可以在搜尋第一頁找到相關的網站連結「富朋友的財務筆記」。如果你希望客戶自己找上門，就要想辦法讓自己的企業官網、社群或是所銷售的商品，在搜尋的排行名列前茅。這個邏輯就像在實體通路開店做生意，若開在人潮眾多、消費客群又精準的黃金店面，一定容易引來源源不絕的客戶。

表4-5 衡量內容價值的四大指標

搜尋力 Search	分享力 Share
容易被消費者搜尋到	容易被大力推薦或社群分享
互動力 Interactive	口碑力 WOW
容易引起群體互動討論	容易創造消費者驚嘆聲連連

內容力

我非常清楚，搜尋力對一家公司在產品銷售與口碑評價上的重要性，因此，只需上網搜尋關鍵字「部落格行銷」或「部落格廣告」，就可以在Google第一頁找到諸多關於我所創辦的部落格行銷公司相關資訊與內容連結，每個月都有至少五十位顧客透過搜尋關鍵字主動找上門，一年單靠搜尋成交的顧客就為我們公司貢獻了近千萬的收益。因此，別忽略透過部落格、網站、報導、社群……等各式的內容連結來的銷售力量，懂得善用網路內容搜尋力，將對你在產品銷售上有莫大的助益。

二、分享力（Share）：容易被大力推薦或社群分享

如果你的內容夠力，一定有很多人想要透過社群「分享」出去。不過，前提是必須先創造目標族群所在意的內容，這個價值才有存在意義，否則，內容很有趣，很多人分享，卻跟你想要達到的目的背離，也就是內容與真正的目的不一致時，將只是一種很輕薄又缺乏意義的分享。

我的好友「貝殼放大」創辦人林大涵，在「群眾集資」上有非常豐厚的經驗。他任職於台灣最大群眾集資平台flyingV的三年期間，總共參與了三百一十二件群眾集資專案，其中集資成功的有二百四十六件（累計金額約一億七千萬元）。他發現，一個成功的群眾集資案子，最重要的是要懂得「下對標題」才會有人點入或分享給更多人。至於，內容下標如何做好、做到位的本領？他的成功祕訣是先創造出三個亮點，才能構成一則好的分享故事文或產品體驗文。（見表4-6）

(1) 想點進去看：好標題決定好開始

該如何讓人想點進去看一個群眾集資案？這跟如何下標有絕對關係。一個好的標題會決定一篇新聞、一篇文章、一本書是否能夠讓人印象深刻。但千萬別做「標題詐欺」或點入後找不到報導。我們最常見「標題殺人」的報導文章，就是標題與內容不相符，或與實質內容出入過大的網路新聞。這種只是讓人看到新聞標題就忍不住點入瀏覽，雖然達到吸引人目光、賺取點擊率的目的，但卻失去真實的本質。

(2) 切合實際內容：

用對方聽得懂的話說故事

內容必須與產品相關，而且易懂又具有故事張力。換言之，就是記得用對方

表4-6 內容下標創造亮點的祕訣

聽得懂的話，去說一個觸動人心的故事！假設你是一篇產品文章，最好可以創造產品獨特的故事性，例如：這個產品雖然市場上已經有，但我們做的產品比起其他產品有獨到而且精進之處，又或者這產品在市場上絕無僅有，用人的好奇性與產品稀有性去帶出產品的故事，以吸引目標受眾的目光。

(3) 好記又搜尋得到：讓人即時發現相關內容

最後別忘了，社群分享有其時效性，分享了必須要能找得到，所以，最好的方法就是自己建立一個部落格或網站，方便有心人想要上網查詢，只要鍵入相關易於搜尋的關鍵字詞，可以立即發現這則標題及內容。

三、互動力（Interactive）：容易引起群體互動討論

很多部落客寫的文章不見得比記者專業，但卻容易引起互動討論，主要關鍵往往不單是內容本身，另一個重要影響的關鍵是「誰」寫的內容？因為「誰」寫的？連帶跟「個人信賴關係」有關。簡言之，就是你之所以對這篇文章產生好奇或引發興趣，很有可能是你可以找到這篇文章的作者本人，或者作者所寫的文章值得信賴，讓人想跟他進一步互動。這是因為你不只這一次與作者產生互動關係，而是歷經一段時間建立社群互動關係的基礎。

事實上，容易被互動討論的文章，也跟網路上的個人社群魅力息息相關。因為，網路i世代（或稱You你的世代）存在一個根本的本質問題，也就是，不同人發的同一篇文章所引起不同的「互動」效果。我們習慣稱一個人在網路上有多大的影響力？然後，用一堆互動指標來衡量這一切。然而，一個有影響力的互動形成，其實沒想像中複雜，關鍵在於找到一個對特定「議題」有長期深入觀察及評論的「意見領袖」，對著一群關心此議題的部落群體發聲，就有可能從產生群體注意，演變成更大的口碑效應，擴大蔓延開來讓更多人知道。

四、口碑力（WOW）：容易創造消費者驚嘆聲連連

好的內容，如果可以引起目標消費者對產品或服務連連驚嘆，那你就成功了！在微利的時代，成本控管和品質差異已經差距不大，消費者對每樣商品也都不再只是滿足就夠，而是必須創造超乎渴望的期待感，也就是這一個字「WOW！」就足以代表一切。試著讓客戶對產品或服務，創造「WOW！」的驚喜，讓消費者自發性地主動為產品背書推薦，才是最佳的口碑行銷。

最有名「WOW！」的口碑故事之一，就數小米使用者從一百到一億了。二〇一〇年八月十六日，小米發佈第一個MIUI測試版，當時的小米只有一百名用戶，小米稱這前一百位測試的網友為一百個夢想的贊助商。二〇一三年，小米成為中國崛起最快速的智慧型手機品牌，為了答謝這群最早支持的「一百位米粉」（小米的粉絲），小米拍了一部微電影《一百個夢想的贊助商》，內容本身與這群小米鐵粉們的情感緊密連結。這部小米微電影在網路上被「米粉們」大肆瘋傳，短

時間內被上百萬人點擊瀏覽，創造出驚人的口碑爆發力。小米的成功案例，說明了只要有心、願意投資創造好的內容，透過社群口碑的力量傳遞，常會比花錢購買廣告更加有效。

另一個令人驚歎聲連連的口碑案例，發生在台灣。導演齊柏林花了將近三年時間，拍攝一部關於台灣這塊土地的紀錄片《看見台灣》。這部影片耗資近一億新台幣，是台灣紀錄片影史以來，拍攝成本最高的電影。二〇一三年十月三十日晚上，更舉辦台灣影史上首次透過「群眾集資」籌措經費所舉辦的「露天首映會」，也為十一月一日正式在全台電影院上映做了最大的口碑造勢活動。首映當天，台北的自由廣場現場聚集了上千人，一起透過超級大銀幕觀賞《看見台灣》這部影片。為了答謝這部片「頭號支持」者，此次露天首映活動不僅製作專屬的《看見台灣》T恤回饋粉絲，也在活動現場製作大型感恩牆、將每一位贊助者的大名印在牆面，讓支持者不僅在此留影紀念，同時也再透過每一個人臉書的力量，把口碑以各種內容形式再次擴散出去。《看見台灣》在台上映第六十六天，票房已經超過二億元大關，刷新台灣紀錄片影史上最高票房紀錄。這也再次見證了聚集初期的一群粉絲支持者，所能創造出口碑內容的力量，尤其在集體快速散佈開來時，所激起的漣漪與能觸及的範圍，遠比我們想像中更加驚人。

Must Read

你的「WOW！」在哪裡？

在微利的時代，成本控管和品質差異已經差距不大，消費者對每樣商品也都不再只是滿足就夠。必須創造超乎渴望的期待感，讓消費者「WOW！」才有機會創造最佳的口碑行銷。

5

第五章

「社群行銷」應用：讓人氣靠過來，玩出大生意！

5-1 如何用口碑玩出大生意？五個好用的社群行銷（上）

在人人幾乎都有臉書，人人都是網路媒體的時代，行銷不一定要自己來。你可以有計畫性地號召、募集志同道合者，共同推廣產品，宣傳你的信念！

一、口碑大使行銷：找出有影響力的關鍵人士，成為行銷夥伴！

來自丹麥的全球知名玩具品牌樂高（LEGO），看準成人對於樂高的興趣不亞於小孩，而且，成人還樂於在網路社群平台相互分享對樂高的喜好，若能讓愛好樂高的粉絲們共同加入宣傳，將遠比自吹自擂的傳統廣告更有滲透力。於是，樂高成立了一個「樂高大使」（Lego Ambassadors）計畫，其主要目的就是找到在網路上活躍的忠實粉絲、凝聚成人樂高迷，提供粉絲第一手樂高最新動態訊息。然而，並不是每一個買過樂高玩具的成人都可以成為全球各地的「樂高大使」，這個身分不但有名額限制，還設立許多嚴苛的條件，例如：必須成立一個會員人數至少十人以上、滿一年以上，而且舉辦過樂高活動的社團組織，才有資格申請。

不過，想要維持這個身分可不簡單，一旦樂高公司同意這個組織參加「樂高大使」，還會要求該組織每半年提供一次活動狀況（例如：聚會或者討論區的網路流量），經過定期的審核通過才可以繼續派代表參加，也正因入選不易，趨之若鶩者更是前仆後繼；而且，這麼一來，也讓每一個樂高迷社團組織都有懷抱成為「樂高大使」的機會，這些社群有影響力的樂高迷們，還會更積極的幫樂高公司推廣、宣傳、參與、舉辦各式樂高活動。

你或許會好奇，成為「樂高大使」有什麼好處？事實上，樂高很懂得粉絲要的不是金錢上的報酬，而是一種信任的身分，會員獨特的榮譽感。不僅如此，每一位「樂高大使」會獲得樂高公司親授的大使認證，還會不定期收到最新款的樂高積木。樂高公司很聰明，知道真正有影響力的意見領袖，需要的是尊榮感與特殊禮遇，這可以讓個人在群體中顯得獨特性並有炫耀感。

事實上，類似樂高善用「大使計畫」來幫助產品銷售或推廣品牌的企業案例並不少。譬如：韓國最大入口網站NAVER旗下子公司 Camp Mobile台灣總經理邱彥錡，在二〇一四年開始，便積極在台灣各大校園推廣免費的團體社群APP「BAND」，他透過舉辦各式社團競賽活動，快速找到校園中有影響力的社團大使、一起參與推廣，一年內，讓「BAND」的台灣用戶逼近百萬。另外，再如：「LINE」推出的「LINE Q」問答平台，為了讓台灣的下載與活躍用戶人數快速成長，「LINE Q」推出「你問我答」的功能，積極邀請台灣在音樂、電影、美食、愛情、創業……等各領域的網路意見領袖、專家、達人參與駐站，讓每一個加入「LINE Q」的用戶可以快速得到更專業的回答，果然台灣「LINE Q」在上線一百天就累積超過上百萬則提問。

現在你應該懂得善用社群中有影響力的關鍵人士的優點，所以，不妨開始著手計畫營造一群支持品牌的產品粉絲！以下我簡化成五個步驟，幫助你可以在營運口碑大使社群計畫時，更得心應手（見表5-1）：

(1) 傾聽洞察

請讓他們先認識你、喜歡你。你可從觀察潛在顧客的臉書動態，仔細傾聽他們的需求開始，先參與他們可能活躍的線上及線下社團，當發現有人對你的

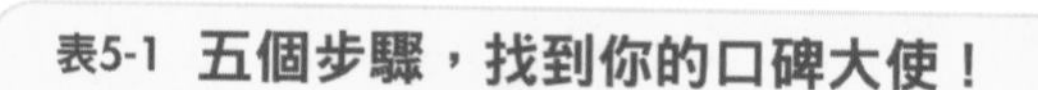

表5-1 五個步驟，找到你的口碑大使！

產品感到興趣甚至願意推薦時，他們很有可能就是你最佳的代言人、口碑大使。

(2) 參與互動

不要一開始就以利益導向交往，請「真誠」參與他們的社群，你只需要在他們感到有興趣時，第一時間給予友善的回應；大多時候參與他們的對話，甚至提供資源、幫助彼此互動更熱絡，讓他們感受被傾聽、被重視，建立彼此的互信關係，才是這階段最重要的事。

(3) 發現大使

記住，你要找的是會主動分享並吸引他人參與其中的代言人，而非那些只是為了折扣好康而來的過路客。當建立互信基礎之後，可試著邀請那些主動為你發聲或對你友好的朋友來體驗產品或參與品牌活動。當他們願意買你的產品，不再僅只是單向的買賣、銷售，而是備受尊榮、獨特禮遇，以及感受友好互動的「特別的朋友」。

(4) 鼓勵回饋

你必須用更多不同鼓勵方式，以激勵不同人主動站出來加入你的推廣活動計畫，成為社群口碑大使一員。例如：提供他們獲得第一手新品情報，尋求他們的意見或讓他們測試新產品，更進一步，可以針對他們的貢獻給予特殊獎勵。這些方法都有助於加強他們與品牌、產品建立更深的關係，並滿足個別所需。我非常鼓勵你，可以設計不同小驚喜來取悅你的特定顧客，讓他們自發性為你做口碑分享，例如：親筆送上手寫的感謝語（請不要用制式的卡片）、贈送正式即將發售的新品（請不要提供隨意可取得的試用品）、為他們提供寶貴的意見並給他們驚喜的折扣（請不要只是市售的一般折扣）。

(5) 主動分享

持續改善激勵口碑大使的即時回饋機制，長期下來會對提高顧客回購率有極大幫助，同時，找到一群不小的鐵粉們，主動在社群媒體上跟朋友們推薦你。確實，培養一群口碑大使這絕對需要投入大量的時間與精力，甚至得提撥一筆不小的預算做為滾動鼓勵機制而努力，若想讓事業經營長久，這絕對是值得投資的重要計畫。

二、拉攏關係行銷：建立一套鼓勵回饋機制，讓行銷有更多驚喜！

二〇〇九年七月，晶華酒店剛成立臉書粉絲團，為了鼓勵粉絲加入，在粉絲團上舉辦一個促銷活動。首先，你必須先加入晶華酒店的粉絲團，就可以參加七月二十五日晚間十點~十二點的「五星宵夜在晶華」活動，為了答謝粉絲們的參與，只要粉絲再主動邀請三位好友一起同行，即可享受四人同行一客免費的超值優惠。整個活動文的最後，還提醒參與的粉絲，別忘了用手機自拍，以利粉絲們現場打卡上傳照片，留下晶華酒店歡樂的回憶。

這場活動充分運用了「粉絲關係」來提升自有臉書粉絲粉絲團的人數。果然，不到一個月，晶華酒店的臉書粉絲團就從零人攀升到四千人，更重要的是其中至少有一百位粉絲都曾到晶華酒店消費過，而其他加入者也有一半是透過粉絲推廣而加入。

如果你是身處餐飲業、美髮業、SPA、繪畫教室、學習產業……等，有地域性限制的行業，建立一套自有的拉攏關係行銷，將會讓你的臉書粉絲團更具實質影響力。以下我列出三個簡單步驟，值得你實際應用時參考。

(1) 先讓顧客變粉絲

你的粉絲就是你最佳的推廣者！先讓你的顧客加入臉書粉絲專頁，並試著從最小關係範圍作為起點。你可以提供粉絲十分誘人的獎勵誘因，讓他願意採取進一步行動。

(2) 再讓粉絲推薦朋友

由粉絲與朋友之間的信任關係做口碑推薦，會比你自己向不認識的消費者宣傳來得更有效。因此，給粉絲一個令人羨慕、值得炫耀的誘因，讓粉絲主動邀請朋友共同參與你舉辦的活動體驗，就是最好的拉攏關係行銷。例如：限額的昂貴門票，會比大家都買得到的票來得令人渴望；又或者，有條件並特別為專屬一群人量身定做活動，必定會讓粉絲感覺倍感尊榮。

(3) 激勵朋友再分享給朋友

別忽略了，幾乎每一個人都有臉書，讓他們臉書上的朋友都看到參與你的活動是多麼地精彩、沒來參加實在太可惜了！所以，盡量創造一個回饋機制，讓共同參與活動者主動拍照、寫文等各種內容表現形式，在自己臉書上推薦給更多沒辦法參與的臉書朋友，擴散你想拉攏關係的範圍，讓口碑效益向外擴散，也藉此提升本身品牌的知名度。

Must Think

好關係的基礎

社群關係的經營，千萬不要一開始就以利益導向交往，請真誠參與任何社群，並在大家感興趣時，第一時間給予友善的回應。

5-2 如何用口碑玩出大生意？五個好用的社群行銷（下）

二〇〇八年，臉書會員數突破一億，但全球知名的咖啡連鎖店星巴克才剛起步成立「星巴克粉絲團」，為了衝粉絲數，抓住了當年美國總統大選（歐巴馬VS麥凱恩）這個大事件，策劃了一場跟大選議題綁樁的星巴克門市活動。

三、獎勵式社群行銷：激勵策略不是人人都可以用！

連鎖咖啡館星巴克不定期在特定節慶推出買一送一的折扣優惠活動，每一次都受到大量網友主動透過臉書、LINE轉發給更多朋友，口碑擴散效果十分驚人！不過，這類型的獎勵式口碑行銷並非人人都適合採用。如果你是高知名度品牌，已擁有廣大粉絲，例如：星巴克、可口可樂、麥當勞……等，若採取優惠、折扣、獎勵式的社群促銷策略，奠定在許多人消費過、信任關係度高的基礎上，毋須花太多說服成本跟消費者解釋產品，因此當產品大幅降價時，自然容易吸引一大批顧客購買。相反地，多數的產品在知名度不夠、粉絲尚未養成的情況下，不宜貿然進行獎勵式社群行銷活動，最好先謹慎評估自身產品現況再採取行動。以下是三種最常見又有效的獎金獎勵社群行銷模式（見表5-2）。

(1) 個人的激勵

當你的新產品即將要推出、知名度尚未建立時、產品通路又不多的情況下，最常見的獎金激勵方式就是尋找目標客群中最有影響力的意見領袖，給予直接的推薦獎金報酬做回饋。

(2) 給予的激勵

如果你的產品已經有一大批死忠粉絲擁戴，不妨提供誘人的獎金激勵直接回饋給粉絲，只要易於實際兌換、就很適合運用「給予的激勵模式」，刺激原有

表5-2 常見的獎勵社群行銷模式之比較

獎金激勵	推薦者	收到朋友	產品現況
個人的激勵	賺3000元	0元	‧新上市的產品 ‧可購買的通路不多
給予的激勵	0元	回饋300元	‧已有一大批粉絲擁戴 ‧收到的回饋獎勵易於兌換
雙贏的激勵	賺1000元	回饋300元	‧高單價的產品 ‧新產品不易馬上理解，需要花時間教育

顧客回購。不過，要特別提醒的是如果經常使用「給予的激勵模式」，容易讓既有支持顧客痲痺、冷感、失去效用，因此在做每一次「給予的激勵模式」時，一定要適時運用。你若能有目的，針對「特定顧客」給予特別的獎金激勵回饋而不是大量廣撒，反而比較有可能獲得更好的反饋效果。

(3) 雙贏的激勵

假使你賣的產品屬於高單價產品，又或者推出的新產品內容與功能需要花時間教育才能讓顧客理解，建議可以運用雙贏的激勵模式，一方面用獎金獎勵有影響力的推薦者，另一方面也獎勵潛在顧客、先以低廉或免費的方式體驗產品，降低進入門檻。

四、借力使力行銷：善用議題事件行銷，放大口碑聲量！

二〇〇八年是臉書快速增長的一年，這年，臉書正式突破一億會員，而且持續飛漲。然而，全球知名的咖啡連鎖店星巴克才剛起步成立臉書的「星巴克粉絲團」，成立初期，星巴克為了衝臉書粉絲數，抓住了當年美國總統大選（歐巴馬VS麥凱恩）這個大事件，策劃了一場跟大選議題綁樁的星巴克門市活動。

這個活動模式是這樣的，只要你是美國選民，二〇〇八年十一月四日投票日當天、投完票之後，請到星巴克門市告訴店員「我投完票了」，星巴克就會招待一杯免費的咖啡。極為特殊的是這波活動的宣傳，星巴克只在大選日之前的「週六夜現場」熱門時段播放一次，而後，星巴克僅透過自有的社群媒體，包括：YouTube、Twitter與Facebook來放大口碑聲量。

星巴克的目的，只是要讓大家記得一件事，就是：「投完票，請記得到星巴克領一杯免費的咖啡！」這個好康的消息透過社群彼此分享、互連的力量快速擴散開來。

星巴克大幅減少在傳統媒體的廣告預算，轉移集中到臉書，讓錯過

表5-3 如何放大你的品牌口碑聲量

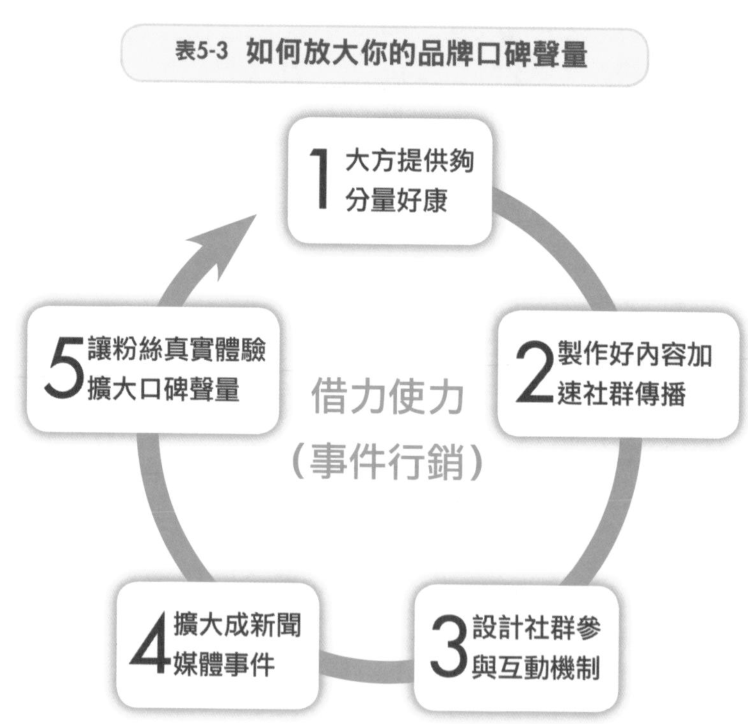

在電視上僅播出一次的活動宣傳影片的網友們，透過社群的結合與互動，直接在臉書上參與該活動，以「是」、「可能」、「否」的投票方式，表達是否願意在大選後到星巴克喝杯免費咖啡。凡作答者的回答結果都會直接顯示在個人臉書的動態牆，這一招，果然令這一好康消息快速擴散到粉絲的眾多周遭朋友，成功吸引超過七千五百萬人次點選廣告，一個又一個在臉書動態曝光後，又免費帶來一千四百萬次的點選，創造極大的口碑效應，大選當天，星巴克共送出兩百萬杯咖啡。

從這個成功案例得知，星巴克借助全國性議題事件，把「借力（議題事件）使力（整合實體活動透過社群擴大）」發揮到極大的效果；這一招，便是善用線上社群的群眾力量，引導消費者到實體店內消費，大幅拉抬星巴克的品牌聲量，一舉壯大了星巴克臉書粉絲數（見表5-3）。

五、社群策展行銷：行銷前、中、後的成功三部曲

你是否經常舉辦實體活動，卻面臨活動報名人數不足又沒有足夠廣告預算做行銷？到底該如何運用社群的力量，舉辦一場又一場滿座的實體活動？

慣用的做法是成立一個線上活動報名頁，同時製作一張精美的電子文宣（EDM）方便email發送給會員，再將該活動訊息與活動報名網址張貼到官方臉書的粉絲專頁，不過，別以為這樣就已

經做好社群行銷，人潮會自然湧入來報名；事實上，想舉辦一場成功的實體策展行銷，必須掌握三個關鍵，我稱之為「社群策展行銷成功三部曲」（見表5-4）。

首部曲：行銷前，將活動賣點轉換成大量內容，善用社群大量分享擴散

傳統策展行銷將顧客視為會員經營，但如今，你必須要改變心態與做法，將顧客視為粉絲來經營。粉絲跟會員最大的差異，在於會員只是你提供付費顧客「等值」的服務，但粉絲的角色卻是好朋友，應該在做活動時以「明星級」的服務來對待。再者，傳統策展行銷認為一張EDM、單一個廣告素材，就可以吸引顧客的目光，誘發他們採取行動、線上報名，但事實是，現在顧客每天所接收到的廣告資訊太多、太龐雜，若想要吸引目標客群的目光，除了活動內容必須夠誘人之外，還必須盡可能將活動賣點轉換成大量有趣、觸動人心的網路內容。

該怎麼做呢？例如：你可以製作一系列與活動相關的有趣內容、受用的短片與報導文章，透過每週持續性地放送影片或文章，吸引顧客注意，同時，要設法讓原有的會員或粉絲一起加入宣傳活動，主動在個人臉書上分享這些多樣豐富的活動內容，大幅提高顧客對活動的接觸率。

二部曲：行銷中，策展活動要專業化，更要兼顧娛樂效果，引發參與者口碑分享

傳統策展行銷著重在專業化的塑造，並透過議題性操作，購買媒體做報導，以增加更多曝光

效果；不過，這個做法的效果早已大不如前。現在，你真正要做的不單是讓策展活動夠專業，還要提高策展的娛樂性，讓參與者有十足的玩樂感、臨場感，沉浸其中並主動自拍，在個人臉書上發佈照片、影片與推薦訊息給更多無法出席者，把聲量做到最大，讓媒體主動找上門。

三部曲：行銷後，將舉辦過的活動，重製成新的內容題材，並建立持續服務的關係

傳統策展行銷在活動結束後，就停止跟顧客做持續性的互動關係。但是，社群策展行銷反而特別

表5-4 社群策展行銷的成功三部曲分析

策展階段	重點項目	傳統策展行銷	社群策展行銷
行銷前	顧客定位	會員經營	粉絲經營
	廣告內容	單一內容素材	多樣豐富內容素材
	行銷推廣	付費媒體＋ＥＤＭ	自有媒體＋粉絲參與推廣
行銷中	策展內容	活動專業化	活動娛樂化
	策展設計	參與者體驗活動	參與者共同創造內容
	策展行銷	買媒體報導	口碑擴散＋媒體來找你
行銷後	反饋機制	問卷調查回覆（量化）	見證故事回饋（質化）
	內容再造	不在意（歸零重來）	重製內容（加值再造）
	售後服務	不服務（冷關係）	持續服務（熱關係）

著重：一、如何讓每一次活動結束後，大幅提升粉絲用戶數；二、整理製作活動精彩內容，累積有價值的能量，醞釀成為下一次舉辦活動的聚光燈，發揮更大的影響力。

因此，你應該設計一套行銷後的顧客持續性服務，讓「好關係」能延續到下一次活動。千萬不要只有用問卷調查了解策展活動的好壞，因為單方面的改善缺少了感動的能量，更重要的是要在這次活動為下一次活動採集「有故事的見證內容」，製作有感染力的影片、有趣的照片、有說服力的粉絲推薦文字，讓所有參與者做背書與見證，才會成為絕對有力的口碑證據。

Must Note

好的行銷，沒有句點

任何一套行銷設計，都必須為顧客提供持續性服務，讓「好關係」能延續到下一次。

社群經營的六種實用發文類型

當台灣食安問題嚴重，每天新聞不斷、人人自危的氛圍下，獸醫師龔建嘉透過群眾集資平台，發起「自己的牛奶自己救」的集資活動，不僅文情並茂還拍攝了網路影片，在臉書社群快速引爆話題，吸引上千人贊助，短短三個月集資三百萬元，創造了驚人的案例。

什麼是有意義的發文？

每個人每天都在社群發文，為什麼有人的一些PO文就是受人青睞、吸引人按讚，或是瘋狂分享、轉發？在這裡，我整理社群經營中最實用的六種發文類型，供大家參考，以下分項說明。

實用一、凸顯差異：比較式內容

將產品使用前與使用後的差異，用一張對比照片來說明，絕對會比寫一堆文字更有說服力。

例如：主打時尚韓風、臉書社群擁有近四十萬位粉絲的服飾品牌「myDress」，就經常以二張不同款式服飾對比照或四張主題風格穿搭照，呈現服飾穿搭的對比，迅速抓住粉絲們目光，將臉書內容經營得像是時尚服裝的伸展台。

實用二、理性說服：實用內容的圖表

竭盡所能把複雜變簡單，設計實用圖表，不僅吸睛度高，粉絲也會很願意在臉書上分享，擴散接觸到更多朋友。例如：台灣最大的瘦身粉絲團「iFit愛瘦身」，就經常將健康、愛美、保養……等生活實用知識結合，精心設計一眼就明瞭的可愛圖表，來滿足粉絲的需求。同時，粉絲也很樂於將這些極為受用的圖表，再分享給周遭更多朋友，讓粉絲專頁加入人數如滾雪球般快速增長。

記住，社群經營不一定要花大錢在投資廣告上，但若要讓社群夠吸引人與持續關注，勢必得投資大量資源，創造吸引粉絲的好內容。「iFit愛瘦身」成功的重要原因，就在於他們很願意費時、費力甚至花錢持續投入經營內容，讓粉絲們每一天願意花時間上「iFit愛瘦身」的臉書社群、看到好又實用的內容，哪怕僅只是一張實用的圖表。

實用三、見證式推薦：親身體驗轉化成內容

如果說臉書是擴大聲量、擴散社群口碑最快、最即時的行銷利器，那麼，部落格就是強化說

服力、拉近成交距離、左右最終購買決策的最佳內容集散地。

「易珈生技」紅豆水在市場上一推出就快速崛起的重要原因，就是持續不斷透過部落格見證式的推薦文章，結合易集客與擴散的臉書社群力量，引起大量消費者高度關注、進而引起興趣，創造紅豆水年銷上億的傳奇。

好的見證式內容，絕對是社群經營最能拉近顧客距離的做法。目前，擁有十五萬名媽媽擁護者的「新手爸媽諮詢站」粉絲團看準了這點，每一次介紹好用商品給媽媽們之前，一定都先親身買過、實際體驗，將見證轉化成詳盡的部落格內容，再透過臉書分享給更多媽咪。有時，還為了避免媽媽仍有疑慮，在臉書社群上結合互動式的一問一答，就只為了讓媽咪粉絲們充分獲得解答，此一加分的服務，果然讓「新手爸媽諮詢站」在短短半年內，贏得十萬名新手爸媽的擁戴。

實用四、引起話題：搭配時勢順勢引起討論

聰明的你雖然清楚結合時事議題、借力使力，幫助自己的產品在社群上創造口碑話題，卻不知道從何找起嗎？請記得翻開報紙，好好閱讀每日新聞標題，相信很快就能發現可以切入的議題、加以發揮。當台灣食安問題嚴重，每天新聞不斷時，我的好友、獸醫師龔建嘉，透過「flyingV」群眾集資平台，發起「自己的牛奶自己救」的募資活動，不僅文情並茂還拍攝了網路影片，在食安風暴、人人自危的氛圍下，在臉書社群快速引爆話題，造就了上千人贊助，創造了

驚人的百萬成功募資的案例。

實用五、激勵特定客群：獨有禮物式的回饋

競爭對手願意提撥營業額的2%作為顧客回饋，你是否願意投入更高的預算，去創造顧客獨有禮物式的驚喜回饋呢？製造顧客驚喜意味著，超乎顧客的期待，有助於產出意外的結果。別期望用一般的社群抽獎活動，會贏得真正的顧客。你要獲得好顧客，而非假粉絲或只為抽獎而來的一次性過客，就必須讓顧客覺得備受禮遇，因此，在社群經營上你必須思考如何為特定客群量身定做一份驚喜的禮物，這有助於你創造獨有的社群內容。唯有讓顧客主動在臉書上為你公開推薦，才是最好的社群口碑行銷。千萬別把定期送禮或抽獎回饋顧客，變成一種行銷的例行公事。你有時必須討好特定客戶，為他們客製化一份獨有的禮物，他們會因你別出心裁的回饋活動，主動將這份驚喜分享在臉書上，為你贏得更多掌聲，引來更多潛在顧客！

實用六、拓展潛在客群：異業合作提供獎勵誘因

團結力量大，找出與你有共同客戶的夥伴，利用廣告交換、共同曝光、主題聯合企劃、顧客互惠……等多元形式，為你自己、策略夥伴、顧客，創造三贏。例如：你是做寵物攝影的業者，可以跟寵物美容業合作，只要消費狗狗攝影服務，即可兌換一張五折狗狗美容優惠券，相同地，寵物美容業的策略夥伴，也同樣可以祭出狗狗美容SPA，讓消費者兌換狗狗攝影五折的聯名活動；

如此一來，不僅可以互惠、刺激雙方銷售、創造雙贏，也為彼此增加了新會員的來客數。

除此之外，你還可以同時進一步，利用「LINE@生活圈」來做「微營銷」。以上述這個寵物產業異業合作的案例來說，只要將造訪過的顧客加到你專屬的LINE@生活圈帳號，並在後續投入人力與資源細心經營，定期提供如：獸醫師線上問診、寵物生活資訊……等，對飼主受用的訊息，長久經營下來，將為你培養一大批忠誠顧客，有助提升再次消費回購的機率，同時透過顧客將受用的寵物訊息以LINE或臉書再分享給更多同好，免費幫助你拓展更多潛在客群，如此一來，將省下原本必須支出的大筆實體廣告費用。

Must Think

社群經營：6種好用的發文類型

目的	發文類型
1.凸顯差異	比較式的內容
2.理性說服	實用的內容圖表
3.見證式推薦	親身體驗轉化成內容
4.引起話題	搭配時勢順勢引起話題
5.激勵特定客群	獨有禮物式的回饋
6.拓展潛在客群	異業合作提供獎勵誘因

社群經營與行銷常犯的六大錯誤（上）

該花多少時間、人力、金錢，才能做好臉書社群經營？十家企業有九家面臨這個同樣的問題，那麼，該如何讓一群粉絲變成一門生意？社群行銷與經營又常見哪些錯誤？

觀念一：不該把銷售擺第一

問：經營社群就是要卯足全勁銷售？

答：你的社群經營，一切應以關係為始、口碑為終，唯有「關係優先」勝過「銷售先行」，才是社群經營成功的根本之道。

網路社群經營早已扣緊真實人際關係，臉書做為全球最大的社群交友平台，讓整個世界扁平化，顧客不只是顧客、而是朋友，交友不該以利益為基礎，而是應該先建立緊密關係，再發展銷售，至於該如何從臉書關係裡產出什麼樣的商機？以下分三個項目說明。

(1) 潛在客戶，挖掘大商機

臉書希望每一位會員是以真實身分加入社群，這代表任何一位臉書會員都是企業的潛在客戶、潛在消費者。過去，傳統企業視「顧客關係管理」（CRM）為重要的顧客關係行銷，每一個企業來往過的顧客資料紀錄，只有企業本身知道更視為寶貴資產。如今，臉書創造了一個免費、開放的龐大顧客資料庫，只要懂得善用臉書，透過成立臉書粉絲專頁、找到潛在顧客，就可以瞄準對你感興趣的顧客進行行銷。

(2) 社群關係，變粉絲關係

讓臉書顧客的社群關係更進一步變粉絲關係的關鍵，在於讓顧客真心喜歡你，並願意經常往來互動。臉書上的社群關係是多元交織所組成，同時也意味著每一個臉書會員可以自由加入或成立不同社群、社團。因此，想要人們加入你的臉書粉絲專頁其實並不難，真正困難的是社群成員不是虛而不實，沒有價值的「過客」或「假粉絲」，而是一群有價值的「好顧客」與「真粉絲」。換句話說，他們就是：對你感興趣的潛在顧客、買過你東西的老客戶、會主動在網路推薦你的口碑型粉絲、在網路上有影響力的意見領袖。因此，你要想盡各種方法透過社群關係，讓更多潛在顧客更喜歡你、參與你，以及密切互動，產生社群共鳴，才能創造你的自媒體社群價值。

(3) 社群口碑，天天在行銷

最終，你一定需要一群徹底支持的社群粉絲來為你創造免費口碑，因為這是一個天天都在做行銷的年代。行銷這件事，已經不是一次、偶爾的事，在臉書上的每一次接觸，都可能是一次關係行銷、口碑行銷。如果把每一位社群粉絲專頁的用戶，視為擁有不同「推薦能力」的考量，那麼這些用戶將有不可限量的價值。

上述這個概念對行銷扮演著多重大的意義？這意味著，你可以將用戶推薦口碑力發揮到極致。例如：你推出了一款新上市的好產品，可以透過社群、免費致贈給老顧客，創造美好的產品體驗，讓他們為你做見證，主動在社群上做分享、推薦，帶來新的客人。

切記，最省錢的行銷莫過於「口碑」，如果只是做到留住現有顧客或用戶，只會陷入生意愈做愈小的窘境。在臉書上能產生威力型的口碑推薦，主要原因在於該推薦者用自己的信用做擔保，以真實體驗去介紹給別人。有了這一環的信任關係為基礎，推薦內容可信度大為提高，就有可能為你帶來多筆生意。

觀念二：不懂顧客的心

問：老是搞不懂顧客到底要的是什麼？

答：懂得善用社群，就能找到顧客真正的需求！

過去，為了了解顧客需求，大家費時費力、甚至花錢蒐集情報；現在，你大可不必如此大費周章。你可以運用臉書，加入競爭對手企業的粉絲專頁，找到每一家企業臉書粉絲專頁的訊息，同時，了解該臉書與顧客粉絲的互動行為。事實上，多數企業很願意投入大量時間在經營自家的臉書粉絲專頁，卻忽略了從競爭對手的臉書上長期觀察、用心傾聽、蒐集情報。例如：透過臉書輕鬆獲得競爭對手的新品上架資訊、促銷方案，發佈內容的喜好，以及臉友們的反映與回饋。

另外還有一種洞察顧客真正需求的方法；我喜歡先加入目標顧客的社群，同時，三不五時拋出問題，例如：當我想了解網路服飾市場，我會在臉書上詢問朋友們是否在A網路店家買過東西？購買經驗如何？從朋友的回饋裡，找出值得學習與改進之處，並且透過互動過程，找到曾經購買的顧客，再進一步私訊請教。透過這樣的大量觀察與詢問，會更了解顧客內在真正需求，而那隱而不顯卻重要的關鍵問題也會隨著呼之欲出。

最後，你一定要透過親身體驗，發掘競爭對手表現不出色的致命要點，這是社群行銷給對手的致命一擊！這一役，必須徹底做到真正的傾聽，因此必須先化身成為對手的顧客、親身體驗，並提出各種問題測試對方的服務態度與應變方式，從中找到第一手資料。記得，千萬不要先入為主地以為瞭解競爭對手，你必須放下預設的立場，以一個顧客的角度出發，去了解競爭對手主導者的決策行徑以及掌握真正顧客，找到對顧客更好的服務方案與核心問題。這一招從競爭對手的社群經營，洞悉顧客需求的演進過程如下：

觀察（洞察傾聽）→參與（實際感受）→轉化（原生內容）

觀念三：不要只靠自己宣傳

問：只靠自己經營的臉書在宣傳嗎？

答：別再只是靠自己臉書社群宣傳，想要快速搶占顧客的絕佳方法，就是找到網路上那些有影響力的人來大力宣傳。

網路上不缺創作內容力強的專家、好手，他們是在臉書或部落格上、具備影響力的佼佼者。舉例來說，若你是母嬰用品業者，不該每天在自家的臉書粉絲團銷售產品，這會讓你看起來像一位討厭的業務員，而非聰明的社群經營者。那該怎麼做呢？你可以找優質的媽媽部落客合作，一起共創大量令人驚豔的內容，吸引更多媽媽認同你在母嬰用品領域的專業性。若你是經營餐廳者，則可以定期邀請美食專家來評鑑餐點、推薦餐廳別出心裁的特色，創造一系列會讓網友轉引推薦的內容。

你若覺得尋找網路意見領袖不易，那是因為你不清楚：必須先站在他的立場，先找出他們的需要，以及你可以提供給他們超出期待的價值。記住，你與愈多網路意見領袖合作，才有助於打響業界知名度、脫穎而出，更重要的是，你將因此有一個強而有力的自媒體、擴大受眾，讓一群緊緊跟隨你的用戶，快速轉動原有的商業模式。

以我所遇到的狀況為例，有位客戶希望新推出的尿布在網路上快速受到歡迎。我清楚要讓產品口碑快速擴散，必須要先接觸到一群家中有寶寶（零～三歲）的媽咪，讓她們談論這一款產品的最快捷徑，就是找出網路上有影響力的來源。我得在短時間內蒐集到一份符合資格的媽媽臉書、親子部落格的意見領袖清單，只要找到這群有影響力的人，就能善用她們的力量，在親身體驗產品後，主動發文在個人臉書或部落格，引起更多媽媽社群圈的朋友注意，甚至採取購買行動。

想要找到網路上有影響力的超級媽媽，其實不難，只要上網搜尋這群媽媽寫文的關鍵字，或透過臉書社群功能、詢問周遭媽媽朋友喜歡看哪些部落格，又或者在她們社群中找出比較有影響力的臉書朋友，很快地，就可以蒐集到一份相關影響力人士的名單。我很清楚，彼此之間有些「信任」關係尚未建立，因此我必須先了解這群媽媽們曾經寫過的部落格文章，或是個人臉書動態塗鴉牆上的資訊，連結她們的需求。掌握更多這群影響人士的資訊，有助於接下來的有效溝通。有趣的是，我在幾位臉書媽媽中找到幾位共同朋友，透過共同朋友、將有助於更認識或拉近與這群具備網路影響力媽媽的距離。

當我從觀察、傾聽、旁敲側擊地蒐集更多情報後，必須寫一封誠意十足的信，試著一一聯繫媽媽們，表達希望各別合作的意願。「誠意」常存在一種交換價值，你必須更清楚她們所要的，甚至提供超乎預期的期待，合作成交的機會就會大增，例如：有些網路有影響力的媽媽，可能就有一定市場行情，需要相對的贊助與報酬，如果，你一開始就掌握這個關鍵資訊，最好在寫信聯繫時就該提及。最後，我花了一週時間，找到一百二十位網路影響威力強大的媽媽，讓她們在網路上發文；結果，這款產品在短短一個月內創造了近三十萬人次的曝光，無論在搜尋引擎或社群，都掀起了不小的漣漪，業績銷售佳績也隨著口碑反映出來。

Must Think

沒有一天不做行銷的年代

這是一個天天都在做行銷的年代，你需要搭上意見領袖的影響力順風車推波助瀾，也需要一群徹底支持的社群粉絲來協助創造免費口碑。扎實經營人際關係，才有銷售的良機。

5-5

社群經營與行銷常犯的六大錯誤（下）

不同的自媒體、社群平台，用戶的使用行為也大為不同。你必須弄清楚之間的關鍵差異性，才能在自媒體上發揮最大綜效！

觀念四：多不代表好

問：我的臉書粉絲專頁加入的人很多，卻沒有購買力？

答：在本書第三章有提到，別急著增加粉絲人數，先做忠誠度的粉絲，再做有聲量的知名度社群。

我必須大聲疾呼，中小企業在資源極其有限的情況下，千萬不要把焦點放在「如何增加臉書粉絲數量？」相反地，首要工作應該聚焦在提升產品的品質、差異與強化特色，吸引真正會對產品感興趣的第一批目標顧客，並為他們服務。因此，如果你是開餐廳的，並不是急著在臉書社群上向一群陌生人大肆宣傳試吃、抽獎活動，這麼做的效果肯定很差，原因很簡單，因為一家新餐廳沒有知名度，邀請一群陌生又沒體驗過產品的人加入，只會是一時的過客。

記住，在臉書上舉辦抽獎活動所帶來的多只是過路客，並不是真粉絲，更無法成為死忠的顧客。因此，你應該努力在線下找會來光顧的顧客，或者曾經上門的顧客，讓他們成為第一批粉絲顧客。剛起步時，別怕人數太少，正是因為少，你才能針對顧客所提出的問題，做出最快、最好的改進。

觀念五：只在乎按讚數

問：這篇PO文好多人按讚，為什麼沒有反映在銷售上？

答：這其實是臉書社群經營上錯誤的認知。社群經營的投資報酬不要只看按讚數，更要看「留存率」。

所謂「留存率」，就是有多少人按讚加入你的臉書粉絲專頁，後續還會持續回頭造訪與瀏覽。我在為許多企業診斷社群經營時發現，一個擁有十萬人的臉書，跟一個只有一千人加入的同屬性臉書，竟然每篇發文的平均按讚數一樣，平均都是一百個。不過，加入人數較少的臉書社群，「分享數」竟然比擁有十萬人的臉書來得更多。這意味著，臉書社群粉絲愈多人加入或按讚，不一定代表絕對的好。

請謹記一個關鍵，不要只有關注臉書社群人數是否快速增長，有時粉絲快速增加，反而會讓社群的「凝聚力」不足、「留存率」快速下滑，導致願意主動分享內容或產品訊息的人驟降。因此，不管是你經營的社群類型是哪一種，都應該針對加入的用戶或粉絲，設定「留存率指標」，例如：一千人加入，有多少人真的留存？你可以從在社群上的互動頻次，舉凡單篇發文平均按讚數、留言數、分享數得知一二。

當你發現這些留存率的相關數值，因粉絲人數增加而快速減少，甚至遠低於原本數值，你應該做的不是努力增長整體社群粉絲數，反而要聚焦在加強社群彼此的連結，提高留存率。你必須清楚，社群經營第一優先要件，就是把粉絲們緊密連結在一起，因為，當留存率降低也同時意味著，再怎麼努力撈更多魚進來，魚網卻早已破了個大洞、流失損耗更多，這一來一往，勢必是損失大於所得。

觀念六：經營臉書就夠了

問：只經營臉書就夠了？

答：懂得活用更多社群平台才是根本之道。

經營臉書社群的主要好處，在於它是一個開放社群，可以為你培養一群潛在顧客，同時，易於透過內容分享與人際網絡的串連、互動，培養願意追隨你的粉絲，而且，也能透過臉書社群快速讓口碑即時擴散，觸及到更多人。但是，你不能完全只仰賴臉書社群經營，畢竟臉書粉絲專頁也有其缺點、弱點與不足之處，還是需要透過其他社群媒體來補強、交叉操作與經營，才能跟用戶達到最好的溝通效果，並發揮最大社群口碑影響力。例如：辛苦企劃製作的臉書貼文在發佈後，如果沒有一個像部落格或網站可以存放文章的自媒體平台，臉書貼文將會在短時間內，隨著同時間眾多朋友與粉絲專頁貼文的出現而淹沒其中。這將導致一個就算擁有上萬人的粉絲專頁貼文，觸及率低於10%、真正能觸及的粉絲數不到一千人。而且，更殘忍的現實是在臉書發佈超過三小時的貼文，也會因分享數、按讚數減緩，觸及範圍的效能快速降低。

臉書最為人詬病的就是貼文或影片僅存留在當下，無法像部落格文章或YouTube影片一樣長留搜尋引擎，未來，還能透過Google、Yahoo搜尋到。當然，臉書也不似部落格，適合以一篇圖文並茂的長文將一個產品、一間餐廳、一個活動……等細節介紹清楚。一般來說，臉書平均都是以一百四十字內的簡短文字搭配一張圖片或一支短片，以求快速抓住網友的目光，才是臉書貼文方式與網友習慣的瀏覽模式。如果說臉書社群優勢在於，容易經營個人及企業品牌，在社群人際圈的粉絲培養、口碑影響力與即時擴散，那麼，經營部落格就是補強臉書搜尋力的不足，與內容說服力不夠的弱點。

當然，你還可以透過LINE的經營，補足臉書與部落格的短處，畢竟，LINE是目前個人或企業最佳的即時社群溝通平台。嚴格來說：LINE是一個封閉式的行動社群，善於在私密型關係的強化功能，因此，你鮮少會加入陌生人到你的LINE群組，所以相對於臉書社群溝通，LINE更為私密。什麼人可能是你會加入LINE的朋友？工作上包括：朋友、同事、顧客、老闆，生活上譬如：家人、親友、死黨、同學、友人……等。因此，LINE有助於一對一、一對特定一小群人，建立私密型的關係行銷，例如：善用貼圖可以重新開啟與久未聯繫朋友的關係；而一對一與顧客創造友善互動，則會拉近跟顧客之間的距離；企業LINE的一對一線上客服，更是多了一個顧客購買產品，遭遇問題時，尋求協助的溝通管道。再者，LINE也有助於小型社團的即時互動，強化小型社交的關係維繫及延續成員的情誼。

如果你是企業，也可申請LINE的官方帳號，做大量即時傳訊的行銷。LINE的企業官方帳號分成兩種，一種申請門檻高，必須支付上百萬費用，適合大型品牌客戶用於快速主動傳遞訊息，取代傳統簡訊廣告、電子郵件部分的行銷功能，提供更即時、更快速的內容與增添豐富性，正是LINE企業帳號的最大好處。目前廣泛運用的客戶類型包括：零售通路、金融投資理財、大眾消費品、政令宣導、大型品牌企業。另一種是LINE@生活圈，申請門檻低，適合一般店家、中小企業，可透過LINE@專屬帳號與好友、老顧客互動。對於在地店家「群發訊息」推廣新產品、促銷活動，方便性極高。

最終，無論是透過臉書、部落格、LINE自媒體平台經營，如果要讓這些平台上的用戶或粉絲進行線上買賣，目前最好的做法還是透過電子商務平台或自建網路通路來跟用戶們進行交易行為。切記，不同的社群平台在用戶行為與互動上，經營與行銷操作上自然有所不同，你必須弄清楚之間的關鍵差異性，才能在自媒體上發揮最大綜效。熟悉並善用臉書經營技巧，確實可以幫助快速建立用戶關係，提升品牌影響力與價值；透過部落格來強化內容搜尋與說服力上的滲透力，可以讓口碑更具穿透力，成為推薦自家產品的最佳助攻手；電子商務（簡稱EC，e-commerce）則是自媒體不可或缺的網路通路、最重要的銷售力自媒體。

另外，值得一提的是電子商務使用者有別於社群用戶的使用動機，若你能妥善透過社群引導用戶到電子商務平台交易，那麼社群媒體用戶將更具有價值，因為這麼一來就證明了這群用戶具備高含金量，而且也是願意採取購買行為者（見表5-5）。

當然，如果你有足夠人力、資源與資金，且同時經營YouTube（影視傳播力）、Linkedin（商務社群力）、Instagram（行動

表5-5 自媒體平台的差異與功能

Facebook	LINE
・潛在客戶（開放社群） ・粉絲關係（參與/互動/共鳴） ・口碑擴散（內容/分享/推薦）	・朋友關係（封閉社群） ・官方LINE（即時網路傳訊） ・即時互動（快速傳達/集客力）
Blog	**EC**
・搜尋優化（SEO/精準客戶） ・內容説服（拉近成交距離）	・銷售關係（交易/服務/回購） ・零售通路（流量/轉換/客單）

社群力）、Pinterest（社群風格力）、WeChat微信（中國社群即戰力），來跟不同平台使用行為的用戶做不同的策略經營、行銷，將可避免過分依賴單一社群平台的風險，以及獲得不同社群平台所帶來的好處。

Must Note

洞察差異，截長補短

以上兩小節的六個觀念是每位老闆、經理人或社群經營者都需要仔細琢磨的事。若善加運用並付出行動實踐它，必會讓銷售成績扶搖直上。這當中，還得透過反覆思考與在不斷實踐中修正，將可以快速提升你的自媒體操作能力，持續累積好粉絲與好口碑，讓品牌知名度大增，產品銷售業績扶搖直上。

●國家圖書館出版品預行編目資料

你，就是媒體/ 許景泰Jerry 著. -- 初版. -- 臺北市：
三采文化, 2015.07
面；　公分. --（iRICH；18）

ISBN 978-986-342-408-6（平裝）

1. 網路行銷 2.媒體 3.網路社群

496　　　　　　　　104008999

iRICH **18**

你，就是媒體

打造個人自媒體與企業社群經營成功術！

作者｜許景泰Jerry
主編｜郭玫禎
責任編輯｜黃若珊
執行編輯｜潘潘
校對｜渣渣
行銷經理｜張育珊
行銷企劃專員｜黃家琳
內頁編排｜廖健豪
封面設計｜藍秀婷
攝影｜林子茗

發行人｜張輝明
總編輯｜曾雅青
發行所｜三采文化股份有限公司
地址｜台北市內湖區瑞光路513 巷33號8F
傳訊｜TEL:8797-1234　FAX:8797-1688
網址｜www.suncolor.com.tw
郵政劃撥｜帳號：14319060
戶名：三采文化股份有限公司
初版發行｜2016年9月10日
4刷｜2020年7月30日
定價｜NT$360

suncolor

suncolor